ÉLÉMENTS
D'HISTOIRE NATURELLE
DES ANIMAUX

OUVRAGE RÉDIGÉ

Conformément au programme officiel du 2 août 1880

PAR

J.-HENRI FABRE

Docteur ès sciences

CLASSE DE HUITIÈME

PARIS

LIBRAIRIE CH. DELAGRAVE

15, RUE SOUFFLOT, 15

ÉLÉMENTS
D'HISTOIRE NATURELLE
DES ANIMAUX

A LA MÊME LIBRAIRIE

OUVRAGES DU MÊME AUTEUR

LA SCIENCE ÉLÉMENTAIRE

LECTURES POUR TOUTES LES ÉCOLES

CHIMIE AGRICOLE. In-12, cartonné, avec fig. 1 25
PHYSIQUE. In-12, cartonné, avec fig. . . . . 2 »
LA TERRE. In-12, cartonné, avec fig. . . . . 2 »
LE CIEL. In-12, cartonné, avec fig. . . . . 2 »
LES RAVAGEURS. In-12, cartonné, avec fig. 1 25
LES AUXILIAIRES In-12, cartonné, avec fig. . . . . 2 »
LES SERVITEURS. In-12, cartonné, avec fig. 1 50
ZOOLOGIQUE. — Lectures scientiques. In-12, cartonné, avec fig. . . . . 2 »
BOTANIQUE. — Lectures scientifiques. In-12, cartonné, avec fig. . . . . 2 »

COURS COMPLET DE SCIENCES

NOUVELLE ARITHMÉTIQUE. In-12, cartonné. 1 50
SOLUTIONS RAISONNÉES des problèmes d'arithmétique. In-12, cartonné. . . 1 75
GÉOMÉTRIE. In-12, cartonné. 2 50
ALGÈBRE ET TRIGONOMÉTRIE. In-12, cartonné. 2 50
PHYSIQUE. In-12, cartonné, avec fig. 3 50
CHIMIE. In-12, cartonné, avec fig. 3 50

ENSEIGNEMENT SPÉCIAL

PHYSIQUE, 1re année. In-12, cartonné, avec fig. 3 50
PHYSIQUE, 2e année. In-12, cartonné, avec fig. . . . . 4 »
PHYSIQUE, 3e année. In-12, cartonné, avec fig. . . . . »
CHIMIE, 1re année. In-12, cartonné, avec fig. 1 50
CHIMIE, 2e année. In-12, cartonné, avec fig. 3 50
CHIMIE, 3e année. In-12, cartonné, avec fig. . . . . 5 »

On vend séparément :

CHIMIE, 3e annee (Metaux) In-12, cartonné, avec fig. 3 50
CHIMIE, 3e année. (Chimie organique). In-12, cartonné, avec fig. . . . . 2 »

ENSEIGNEMENT PRIMAIRE

LE LIVRE D'HISTOIRES. In-12, cartonné, avec fig. 1 50
AURORE. — Cent récits sur des sujets variés. In-12, cartonné, avec fig. . 1 50
LE MÉNAGE. — Causeries d'Aurore sur l'économie domestique. In-12, cartonné, avec fig. 1 50
L'INDUSTRIE. — Simples récits de l'oncle Paul. In-12, cartonné. 1 50
ARITHMÉTHIQUE DES ÉCOLES PRIMAIRES. In-12, cartonné. . . . . » 70
ARITHMÉTIQUE AGRICOLE. In-12 cartonné. 1 25
NOUVELLE ARITHMÉTIQUE. In-12, cartonné. 1 50
SOLUTIONS RAISONNÉES des problèmes d'arithmétique. In 18, cartonné. . 1 50

COURS COMPLET D'INSTRUCTION ÉLÉMENTAIRE

ASTRONOMIE. In-18, cartonné, avec fig. 1 50
PHYSIQUE. In-18, cartonné, avec fig. 1 50
CHIMIE. In-18, cartonné, avec fig. 1 50
ARITHMÉTIQUE. In-18, cartonné. 1 50
BOTANIQUE In-18, cartonné, avec fig. 1 50

PARIS — MPRIMERIE ÉMILE MARTINET, RUE MIGNON, 2

ÉLÉMENTS
D'HISTOIRE NATURELLE
DES ANIMAUX

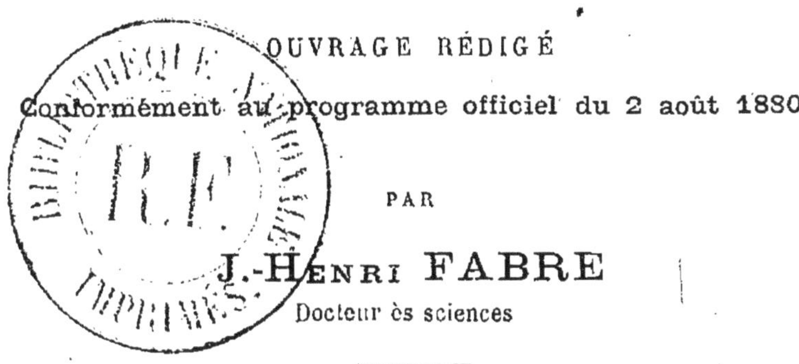

OUVRAGE RÉDIGÉ

Conformément au programme officiel du 2 août 1880

PAR

J.-Henri FABRE

Docteur ès sciences

CLASSE DE HUITIÈME

PARIS

LIBRAIRIE CH. DELAGRAVE

15, RUE SOUFFLOT, 15

1881

ÉLÉMENTS
D'HISTOIRE NATURELLE

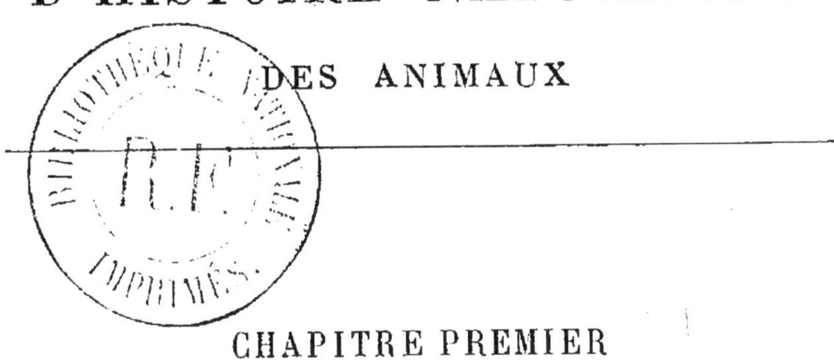

DES ANIMAUX

CHAPITRE PREMIER

DIFFÉRENCES DES ÊTRES VIVANTS ET DES CORPS INANIMÉS

1. **Les petits chats.** — C'est toujours un événement pour la maisonnée lorsque la chatte, seule la veille, est retrouvée le lendemain, en un coin du grenier, avec une famille de petits chats, dans une corbeille bourrée de paille. On accourt voir les nouveau-nés. Ils sont quatre, les yeux encore fermés, le nez rose, les oreilles courtes et rondes. Et la chatte doucement ronronne de bonheur en léchant, lavant les mignonnes créatures qui, de la patte, pétrissent la mamelle, pour faire venir le lait. Oui, c'est un événement pour la maisonnée que la naissance d'une famille de petits chats.

La chatte les a mis au monde, elle est leur mère. Maintenant elle va les élever, les nourrissant d'abord de son lait, puis de petite proie, guettée et surprise à leur intention. Quand ils seront devenus assez forts pour se suffire à eux-mêmes, elle les abandonnera, sans plus s'en occuper.

Mais la chatte, avant d'être la tendre mère d'aujourd'hui, a été, à son tour, toute petite chatte, allaitée, nourrie, lavée, réchauffée par une autre mère, qui pareillement, elle aussi, provenait d'une mère plus vieille, laquelle de son côté provenait d'une quatrième ; et ainsi de suite, en remontant toujours, jusqu'à un point de départ qu'il ne nous est pas possible de préciser.

L'agneau, le chevreau, le petit chien, nous apprennent même chose. Point d'agneau sans la brebis, sa mère; point de chevreau sans la chèvre, point de petit chien sans la chienne. Et ces trois mères descendent de trois autres qui les ont précédées, elles-mêmes venues d'une brebis, d'une chèvre, d'une chienne d'âge plus reculé; et toujours ainsi en remontant.

Ces divers animaux, et tous les autres tant qu'il y en a, proviennent donc, chacun dans son espèce, d'autres animaux semblables et antérieurs, appelés *parents*. Leur ensemble forme comme une chaîne continue, dont chacun d'eux est un chaînon. Mais où remonte le bout précis de cette chaîne, le vrai commencement? Là est le difficile, le très difficile.

2. **La nichée de moineaux.** — Dans un trou de muraille, le moineau a fait son nid, grossier amas de bourre, de plumes et de foin. Là reposent les œufs, d'un blanc cendré, avec des taches et des marbrures brunes. La mère les couve, les réchauffe pendant des jours et des jours de la chaleur de sa poitrine. Ils éclosent. Voici maintenant une famille de jeunes, tous nus encore, aveugles, branlant la tête et ouvrant leur bec jaune, quand le père et la mère, tour à tour, apportent la becquée, tendres vermisseaux et petites chenilles. Dans peu de semaines, vêtus de plumes et forts, ils prendront la volée; et l'an prochain, ils construiront des nids à leur tour, pour élever nouvelles familles.

Or les jeunes de la nichée actuelle ont des parents, un père et une mère qui ont construit le nid d'un travail commun, et qui maintenant rivalisent de zèle pour trouver et apporter à leurs petits une nourriture convenable. La mère a pondu des œufs ; elle les a couvés, remplacée de temps en temps par le père, lorsqu'elle sortait pressée par le besoin de manger. N'est-il pas vrai que les parents, les vieux, les maîtres du ménage, ont débuté, eux aussi, par faire partie de nichées plus vieilles, qu'ils ont eu père et mère soignant les œufs d'où ils sont venus? n'est-il pas vrai que toute la série des moineaux du passé remonte ainsi de nichée en nichée?

De tout cela, que conclure? La réponse saute aux yeux : les animaux *naissent;* ils proviennent, chacun dans son espèce, d'animaux pareils, leurs *parents*.

3. **Le semis de haricots.** — Le jardinier a semé une poignée de haricots. Couvées par la chaleur de la terre, ces graines, on dirait presque ces œufs, germent, lèvent et donnent autant de jeunes plants, qui grandissent, montent, fleurissent et se couvrent enfin de nombreuses gousses, dans chacune desquelles se trouve une rangée de graines mûres, pareilles à celles que le jardinier avait enterrées dans le sol. Maintenant les plants se dessèchent et périssent; mais les semences restent, propres à donner de nouveaux plants en saison favorable.

Mais revenons au carré de haricots dans toute sa vigueur, alors que le feuillage est vert et que les fleurs s'épanouissent. Chaque pied vient d'une graine, c'est tout clair. Cette graine, qui l'a fournie? Une autre plante pareille, de même que le moineau produit les œufs de son nid. Le plant actuel de haricots provient donc d'un autre plant de haricots, qui lui-même remonte à un autre, puis à un autre, un autre encore, jusqu'à un point de départ excessivement reculé, impossible à dire.

Et cela doit se répéter de toute plante, de tout végétal gros ou petit, car tous débutent par l'état de graines, et ces graines ont été produites par des végétaux de même espèce et d'âge plus reculé.

Imitant en cela les animaux, les végétaux *naissent* donc; chacun d'eux doit l'existence à un végétal semblable, son *parent*. Parent ici veut dire simplement producteur de la semence d'où la plante est venue, car la parenté entre végétaux n'est pas accompagnée de maternelles tendresses, pareilles à celles de la chatte pour ses petits.

4. **L'alimentation.** — Le petit chat d'aujourd'hui, faible créature aux paupières collées, ouvrira bientôt les yeux, d'abord troubles et bleus. Dans quelques semaines, il sera gentil minet joueur, chassant de sa patte leste la mèche de papier appendue à un fil que l'on fait courir devant lui. Plus tard, il deviendra matou grondeur, se querellant sur les toits avec les chats du voisinage. Mais d'ici-là, le petit être doit bien grossir.

Or, rien ne se fait avec rien. La moindre soie des moustaches du chat exige des matériaux pour se former. Ces matériaux pour l'accroissement de tout le corps, où sont-ils pris? Ils sont puisés dans les aliments dont l'animal se nourrit. Et voilà pourquoi le petit chat tète; voilà pourquoi plus tard il croquera la souris happée au grenier et le morceau de fromage dérobé à la cuisine. Il se nourrit pour se fortifier et grandir; la nourriture est pour lui matière à construction de l'édifice du corps.

Mais un moment arrive où le chat ne grandit plus, ayant acquis toute la croissance que sa nature comporte. Cependant il mange toujours, il est toujours assidu aux souris et encore plus au fromage. Pourquoi, cessant de grandir, lui faut-il encore de la nourriture, beaucoup même? C'est ici une grande affaire, dont on ne peut dire que peu de mots à des enfants de votre âge. Essayons.

Vous avez vu passer la locomotive, traînant après elle, sur la voie ferrée, une longue file de wagons pesamment chargés. C'est là comme une bête de fer, qui par elle-même chemine et travaille. Un brasier ardent y réduit de l'eau en vapeur, et cette vapeur fait tourner les roues. A grandes pelletées, le charbon est jeté dans le brasier, pour en entretenir la violence. C'est donc en somme la chaleur qui fait cheminer et travailler la locomotive. Un ouvrier spécial, le chauffeur, est chargé d'alimenter le foyer, c'est-à-dire d'y jeter de temps à autre de la houille, aliment du feu. Remarquez en passant cette expression d'alimenter, par laquelle on désigne l'action de garnir de combustible un foyer. C'est qu'en effet le charbon est pour la locomotive ce que la nourriture est pour l'animal.

Un animal se meut, va, vient, court à son gré. Le chat, par exemple, bondit sur la souris, grimpe aux arbres pour y surprendre quelque passereau sommeillant, il se griffe avec ses pareils, il escalade les toits, il monte et descend les marches du grenier, enfin il accomplit une foule de mouvements, lents ou rapides, aisés ou pénibles. Son corps est comparable à une machine, mais une machine de haute perfection, comme jamais l'industrie humaine n'en réalisera d'aussi ingénieuse. Or il faut à cette machine pour se mouvoir de la chaleur, absolument comme il en faut à la locomotive. Ce corps est un foyer qui toujours chauffe. Posez la main sur le chat, il est chaud. Voilà prouvé le foyer qui dans l'animal incessamment donne chaleur et par là mouvement.

Cette chaleur continuelle, ne cessant que lorsque l'animal meurt, exige un aliment tout comme la chaleur de la machine. Eh bien! cet aliment est fourni par la nourriture. Le comestible, la chose qui se mange, est de la sorte le combustible, la chose qui se brûle. Et tel est le motif pour lequel l'animal, ayant cessé de grossir, continue à manger. Il lui faut du combustible pour entretenir la chaleur qui le fait mouvoir. S'il fait froid, la perte de chaleur est grande, et pour la réparer, il faut, pour ainsi dire, garnir davantage le foyer. Qui n'a remarqué que dans les âpres journées d'hiver, l'appétit redouble?

Mais en voilà bien assez, peut-être trop, sur ce sujet difficile. Nos études futures dissiperont les nuages inévitables au début en pareille question. Terminons en concluant que les animaux *se nourrissent*, *s'alimentent*, et pour grandir, et pour entretenir en eux la chaleur naturelle, source des mouvements.

Les végétaux, de leur côté, se nourrissent-ils? Mais oui : avec leurs racines, ils prennent dans la terre divers aliments; avec leurs feuilles, ils prennent autre chose dans l'atmosphère, car, chose bien curieuse, les végétaux vivent un peu de l'air du temps, ainsi que nous l'enseignera plus tard la chimie. Que le jardinier oublie d'arroser ses laitues, que le ciel leur soit avare de pluie, et les laitues périront, leurs racines ne pouvant puiser dans un sol trop sec de quoi alimenter la plante. Les végétaux se nourrissent, comme le prouvent les charretées de vivres, engrais et fumier, que l'agriculteur doit fournir à ses pommes de terre, à son froment, à ses raves, pour obtenir convenable récolte. Et ce n'est pas petite affaire, et peu coûteuse, que de tenir table bien servie aux convives d'un champ.

Ils se nourrissent pour grandir, toujours d'après l'invariable principe que rien ne se fait avec rien. Un chêne, au début, est un gland. Pour que la semence devienne arbre énorme, couvrant de son ombre l'étendue d'un arpent, doit-il en falloir des matériaux nourriciers, empruntés pendant des siècles, partie au sol, partie à l'air! Le végétal s'accroît, et forcément alors s'alimente. Produit-il aussi de la chaleur, comme le fait l'animal? A la rigueur, oui; mais si peu, si peu, que ce n'est vraiment pas la peine d'en parler encore. Aussi le végétal ne se meut point, n'agit point.

5. **La fin.** — Par cela même qu'elle travaille, la bête de fer qui mange de la houille, la locomotive, s'use. La chaudière se corrode et tombe en croûtes de rouille, les roues sont rongées peu à peu par le frottement sur les rails, les diverses pièces, qui demandent tant de précision pour bien fonctionner, se faussent, se disloquent; enfin toute la machine se détraque et ne peut plus agir. Elle est mise au rebut, dans la vieille ferraille.

A peu près ainsi se comporte l'animal. Il vit, il agit, il se meut, il travaille ne serait-ce qu'à se procurer de quoi manger. Il s'use donc, et après un certain nombre d'années variable suivant l'espèce, le corps est hors de service. Ce détraquement final de la machine vivante, c'est la *mort*, conséquence inévitable de la vie. Pour ne pas mourir, il faudrait ne pas vivre, car vivre c'est se détruire, s'user. Voilà de bien graves pensées, dont l'évidence viendra plus tard, amenée par une réflexion plus mûre.

Pareillement meurt le végétal. Il y en a de si délicats, qu'une saison suffit pour en voir la fin. Les chaleurs trop fortes, les froids trop vifs les tuent. D'autres, les robustes, les forts, les grands arbres durs, ont, au contraire, la vie très longue, comme nous allons en donner tantôt quelques exemples. Mais, si vieux qu'il deviennent, ils périssent aussi, car malgré leur apparente immobilité, il se passe en eux, invisibles au regard, des mouvements continuels, des changements, cause fatale d'une ruine plus ou moins prochaine. Ne faut-il pas, par exemple, que les sucs puisés dans la terre montent des racines jusqu'aux feuilles les plus élevées? Et alors, n'est-ce pas là une action comparable, jusqu'à un certain point, à celle d'une pompe qui élève l'eau du fond d'un puits et s'use en travaillant. Donc tous les végétaux meurent.

Ainsi les animaux et les végétaux ont tous un commencement, ils *naissent* d'êtres antérieurs et semblables; ils durent un certain temps, ils *vivent*, dépensant de la nourriture pour subvenir à l'exercice de la vie; ils finissent, ils *meurent*, lorsque la vie les a usés.

6. **Durée de la vie des animaux.** — Les animaux domestiques rarement atteignent l'âge que leur nature comporte. Nous leur plaignons la nourriture, nous les excédons de fatigue, nous ne leur donnons pas un abri convenable. Et puis, nous leur prenons le lait, la toison, le cuir, la viande, tout enfin. Le moyen de devenir vieux, je vous le demande, quand le boucher vous attend avec son coutelas au sortir de l'étable! Inutile de parler de ces pauvres victimes de nos besoins : pour nous faire une longue vie, elles ne vivent pas leur âge.

Supposons donc que l'animal soit bien traité; qu'il ne souffre ni de la faim, ni du froid; qu'il vive en paix, sans excès de fatigue, sans crainte de l'équarrisseur ou du boucher. Dans ces bonnes conditions, combien de temps vivra-t-il?

Commençons par le bœuf. En voilà un de robuste! Quel poitrail et quelles épaules! Et puis ce grand front carré, avec ses vigoureuses cornes autour desquelles s'enroule la courroie du joug; ses yeux tout reluisants de la sereine majesté de la force. Si l'âge avancé est le partage des forts, le bœuf doit vivre des siècles. Erreur complète : le bœuf, si gros, si fort, si massif, est vieux, très vieux de vingt à trente ans. Ce qui serait pour nous verte jeunesse est pour lui vieillesse décrépite.

Passons au cheval. Je ne prends pas mes exemples parmi les chétifs, vous le voyez; je choisis les plus grands, les plus vigoureux. Eh bien! le cheval, ainsi que son modeste compagnon, l'âne, ne dépasse guère trente à trente-cinq ans. Nos autres animaux domestiques vivent moins encore. Le chien, arrivé à vingt, vingt-cinq ans, ne peut plus se traîner; le porc est un vétéran caduc quand il atteint la vingtaine; à quinze ans au plus, le chat ne chasse plus les souris, il dit adieu aux joies sur le toit et se retire dans quelque recoin du grenier pour y mourir en tranquillité; la chèvre, la brebis, de dix à quinze ans touchent à l'extrême vieillesse; le lapin est au bout de son écheveau de huit à dix ans; et le misérable rat, quand il atteint quatre ans, est cité parmi les siens comme un prodige de longévité.

Parlons un peu des oiseaux. Le pigeon peut vivre de six à dix ans; la pintade, la poule, le dindon arrivent jusqu'à douze. L'oie va plus loin; il est vrai qu'en sa qualité d'oie, elle ne se donne pas beaucoup de chagrin. L'oie atteint bien vingt-cinq années, et même les dépasse largement.

Mais voici qui est mieux : le chardonneret, le moineau, oiseaux sans souci, toujours chantant, toujours frétillant, heureux au possible avec un rayon de soleil dans la feuillée et un grain de chènevis, vivent autant que l'oie gloutonne, plus que le stupide dindon. Ils vivent, les bienheureux petits oiseaux, de vingt à vingt-cinq ans, juste l'âge d'un bœuf.

7. **Durée de la vie des végétaux.** — Lorsqu'ils sont de constitution robuste, capable de résister aux chaleurs de l'été et aux froids de l'hiver, les végétaux vivent très longtemps à cause de leur vie paisible, qui très peu se dépense, vu la presque immobilité. On y compte des patriarches dont l'âge nous frappe d'étonnement. Quelques-uns ont été témoins des plus antiques faits que l'histoire nous raconte. On cite, par exemple, des tilleuls de sept

cents ans, des noyers de neuf cents ans, des chênes de quinze siècles, des ifs de trente siècles.

Les géants par excellence du monde végétal sont certains cyprès, *Sequoia géant*, tel est leur nom, qui au nombre de quatre-vingts à quatre-vingt-dix, habitent un district d'environ un tiers de lieue de rayon sur les hautes pentes de la Sierra Nevada, en Californie. Aussi droits que des fûts de colonne, ils s'élancent à une élévation de cent mètres, d'où ils dominent les grands arbres d'alentour comme nos peupliers dominent les haies voisines. Les plus petits mesurent dix mètres de tour à la base du tronc; les plus gros, trente.

Fig. 1. — Abatage d'un Sequoia géant.

Cette famille de géants n'a pas été respectée; quelques-uns sont tombés sous la hache. Pour monter sur le tronc de l'un d'eux gisant à terre, il fallait une grande échelle, comme pour monter sur le toit d'une maison. La prodigieuse tige avait en effet neuf mètres d'épaisseur. L'écorce en fut enlevée d'une seule pièce sur une longueur de sept mètres et disposée en appartement avec tapis, piano et sièges pour quarante personnes. Un jour, pour jouer à la main chaude, cent quarante enfants trouvèrent place dans le monstrueux étui d'écorce.

Quel était l'âge du géant? A peu près trois mille ans, un bel âge. Mais comment, direz-vous, savoir l'âge d'un arbre, comme si le végétal nous montrait son extrait de naissance? Voici l'affaire. Portez votre attention sur la section d'une bûche nettement coupée à la hache. Vous verrez des ronds dans le bois, des ronds qui commencent autour de la moelle, et vont s'élargissant de plus en plus.

Or ces ronds s'appellent *couches annuelles*, parce qu'il s'en forme une chaque année, une seule, ni plus ni moins. Depuis le moment où le petit arbre sort de graine jusqu'au moment où le vieil arbre meurt, il se forme par an un rond, une couche de bois. Comptons alors ces couches, et leur nombre nous dira l'âge de la tige. Voici, par exemple, en image, la section d'une tige d'arbre. Tant de couches, tant d'années ; il y a six couches, l'arbre a six années.

8. **La corruption n'engendre pas les vers.** — Il a été dit que toute plante et tout animal, depuis les plus grandes espèces jusqu'aux moindres, invisibles sans le secours du microscope, présupposent une plante et un animal de même espèce, d'où ils dérivent. Cependant longtemps on a cru et beaucoup croient encore aujourd'hui que certains animaux, les vers notamment, s'engendrent par la seule pourriture. C'est là une grossière erreur, qu'il importe de rectifier.

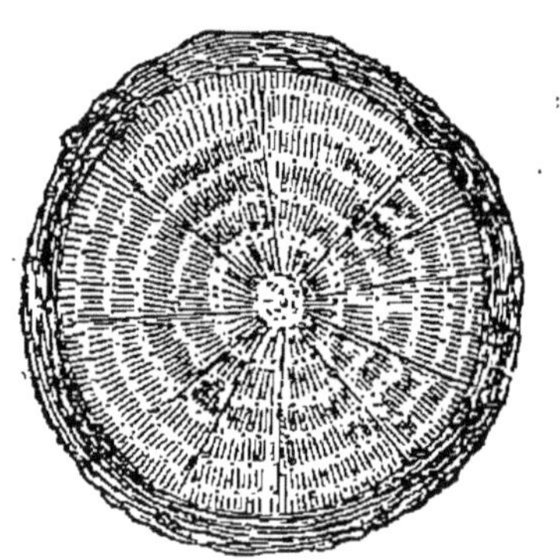

Fig. 2. — Coupe transversale de la tige d'un jeune chêne.

Les vers que l'on voit grouiller dans toute sorte de matières pourries ne proviennent réellement pas de ces matières. La pourriture leur fournit le manger, mais elle ne leur donne jamais naissance. Ces vers sont nés d'œufs pondus par divers insectes, particulièrement par des mouches qu'attire de loin l'odeur de la corruption. Ainsi les vers du fromage, par exemple, finissent par devenir des moucherons de diverses sortes, dont la vie se passe au dehors, en plein air, fréquemment sur les fleurs. Quand vient le moment de la ponte, ces moucherons savent très bien trouver nos fromages, guidés par l'odorat : ils y déposent leurs œufs, et chacun de ces œufs devient un vermisseau, qui plus tard se transforme en insecte.

9. **Vers contenus dans les fruits. Ver des cerises.** — Tous les vers, n'importe le point où ils vivent, ont toujours pour origine des œufs pondus par des insectes; et jamais ils ne sont produits par la corruption elle-même. En voici quelques exemples choisis parmi les vers que l'on trouve dans les fruits.

Qui ne connaît le ver des cerises? Le fruit est de belle apparence, charnu, d'un noir pourpre, gonflé de suc. Au moment où vous allez le savourer, vous le sentez mollir du côté de la queue. Un soupçon vous vient. Vous ouvrez la cerise. Pouah! un ver immonde nage dans la pulpe corrompue. C'est fini : les belles cerises ne vous tentent plus.

Eh bien, ce ver doit devenir une belle mouche noire, nommée *Ortalide du cerisier*, et dont les ailes diaphanes sont barrées en travers de quatre bandes obscures. L'insecte pond ses œufs sur les cerises encore vertes, un seul sur chaque fruit. Aussitôt éclos, le vermisseau s'ouvre un passage à travers la chair et s'installe près du noyau. L'orifice d'entrée est très petit et d'ailleurs se cicatrise bientôt, de sorte que le fruit habité paraît intact. La présence du ver n'empêche pas la cerise de grossir et de mûrir, circonstance excellente pour la bête, qui se gorge ainsi de chair juteuse et sucrée. A la maturité, le ver est lui-même développé à point. Alors il abandonne la cerise et se laisse choir à terre, où il s'enfouit pour attendre le mois de mai suivant, devenir mouche, pondre des œufs sur les nouvelles cerises et périr.

Fig. 3. Balanin des noisettes.

10. **Ver des noisettes.** — Voici maintenant en image l'insecte qui, à l'état de ver, dévore les noisettes. On le nomme *Balanin des noisettes*. De son bec pointu, le balanin fore la coque encore tendre du fruit, et au fond de la cavité, en contact avec l'amande, il dépose un œuf, qui en peu de jours éclot et produit un vermisseau. Comme ce vermisseau mange d'abord très peu, la noisette continue à se développer et à mûrir son amande, rongée petit à petit. Au mois d'août, les provisions sont achevées et la noisette

véreuse gît à terre. Le ver, dont les mâchoires sont alors robustes, perce un trou rond dans la coque vide et quitte la noisette pour s'enfouir dans le sol, où il se transforme et devient balanin. Parmi les noisettes d'elles-mêmes tombées à terre, nous en trouverons dont la coque, percée d'un trou, ne contient plus rien. L'amande en a été mangée par le ver du balanin et le trou rond est la porte par où la bête est sortie. Enfin en cassant des noisettes avec les dents, il nous est arrivé de mordre sur quelque chose d'amer et de mou. C'est le ver du balanin que nous venions d'écraser.

11. **Ver des pommes.** — Le ver si fréquent dans les poires et dans les pommes est la chenille d'un petit papillon nommé *Pyrale des pommes*. Ce papillon a les ailes supérieures d'un gris cendré, marbrées en travers de brun et ornées à l'extrémité d'une grande tache rousse cerclée de rouge doré. Les ailes inférieures sont brunes.

Fig. 4.
Pyrale des pommes.

Lorsque les fruits commencent à se montrer, la pyrale dépose un œuf dans l'œil de la poire ou de la pomme indifféremment. Le petit ver qui en provient, à peine de la grosseur d'un crin, s'introduit dans le fruit et se loge au voisinage des pépins. L'étroit canal par lequel il est entré se cicatrise, de sorte que le fruit véreux paraît intact quelque temps.

Cependant la chenille grossit au sein de l'abondance; il lui faut une galerie communiquant avec le dehors pour l'arrivée de l'air et pour l'assainissement de l'habitation encombrée de débris et d'ordures. Le ver se creuse donc un couloir à travers l'épaisseur du fruit jusqu'à la surface. Par l'ouverture ainsi ménagée, la chenille reçoit de l'air et rejette de temps en temps, sous forme de vermoulure rougeâtre, la pulpe mâchée et digérée.

Les poires et les pommes habitées par le ver continuent de grossir; elles mûrissent même plus tôt que les autres, mais c'est une maturité maladive, qui hâte la chute du fruit. La chenille des fruits véreux tombés en terre quitte son domicile par la voie de la galerie déjà creusée, et se retire dans un pli de l'écorce de l'arbre, quelquefois sous terre, pour se construire une coque de soie mêlée de parcelles de bois ou de feuilles mortes, et devient papillon l'année suivante, quand apparaissent, toutes jeunes, les pommes et les poires où doivent être pondus les œufs pour une nouvelle génération de vers.

12. **Vers des matières corrompues.** — Veut-on enfin reconnaître que les vers des choses corrompues viennent d'œufs et non de la pourriture? Il suffit d'avoir des yeux et de regarder, car l'expérience est des plus simples, bien qu'on ait mis de longs siècles avant d'y songer. On recouvre d'une gaze ou d'une fine toile métallique, des viandes en voie de putréfaction, des fromages sur le point de se corrompre, et autres matières semblables. Attirées par l'odeur, des mouches ne tardent pas à voltiger autour des substances putrides et à déposer leurs œufs sur la gaze même, dans les points les plus rapprochés de la viande et du fromage, qu'elles ne peuvent atteindre. En ces conditions, si avancée, si infecte que soit la décomposition, les vers n'apparaîtront pas dans les matières corrompues, parce que celles-ci se sont trouvées défendues contre le dépôt des œufs. Mais si l'on retire l'obstacle de la gaze ou de la toile métallique, les mouches pondent çà et là, sur la pourriture, des amas de petits œufs blancs, et bientôt des milliers de vers grouillent au milieu d'une immonde sanie.

13. **Applications.** — Quelques-unes de nos provisions, le fromage, la viande, le gibier surtout, deviennent la proie des vers. Cette odieuse vermine, on vient de le voir, doit naissance à des mouches qui recherchent, suivant leur espèce, les unes la chair, les autres le fromage, pour y déposer leurs œufs. Deux nous sont familières, car nous les voyons souvent voleter à grand bruit sur les carreaux des vitres : la première est d'un bleu sombre, la seconde est grise avec des yeux rougeâtres. L'une et l'autre sont de taille beaucoup plus forte que la mouche ordinaire et toutes les deux s'attaquent à la viande. Quant aux moucherons du fromage, qu'il nous suffise de mentionner leurs vers, trop fréquents pour être inconnus.

Ces mouches, ces moucherons, effrontés parasites, voilà les ennemis qu'il faut tenir à l'écart et empêcher de déposer leurs œufs sur nos provisions, si nous voulons préserver nos vivres de l'invasion de la vermine.

Le fromage entamé sera donc tenu sous une cloche en toile métallique fine, ou mieux sous une cloche en verre, qui le garantit à la fois de l'accès des mouches et de la dessiccation par le contact prolongé de l'air. Quant à la viande et au gibier, on les suspendra dans des cages en toile métallique; et toutes les fois qu'on ouvrira le petit garde-manger, on veillera à ne pas laisser pénétrer quelque mouche bleue, d'habitude aux aguets dans le voisinage. Si l'on enfermait l'ennemi avec les provisions, du jour au lendemain tout serait gâté, tant la ponte de la mouche bleue est nombreuse et rapide. Avec une cage bien close et bien surveillée, le gibier, si faisandé qu'il devienne, sera toujours exempt de vers, à moins qu'il ne fût déjà envahi quand on l'a mis à l'abri de la toile métallique.

14. **Conclusion de ces divers exemples.** — L'observation a donc surpris en son travail le moucheron qui dépose dans les cerises l'œuf d'où provient le ver connu de tous; elle a reconnu que les fruits véreux doivent les habitants qui les rongent, non à la corruption, mais à des germes déposés là par des insectes divers; elle s'est assurée que les poux ne viennent pas de la chair, ni les puces des ordures en fermentation; elle a prouvé que les grenouilles ne sont pas engendrées par la boue des marais; elle a relevé mille erreurs de ce genre, si bien qu'il ne reste pas l'ombre d'un doute sur la manière dont se procrée le moindre vermisseau. Partout où nous trouverons vers, chenilles, insectes, rappelons-nous que d'autres insectes sont venus là déposer leurs œufs. Toujours la vie est l'œuvre de la vie; tout être animé provient d'êtres animés semblables.

15. **Les corps inanimés.** — Nous voilà suffisamment renseignés sur les êtres vivants, les animaux et les végétaux; parlons maintenant un peu des *corps inanimés*. Voici une pierre sur le chemin. Une autre pierre semblable lui a-t-elle donné naissance? Est-elle la fille d'une pierre

antérieure, sa mère? De telles questions font sourire, tant elles sont dépourvues de sens. Non, la pierre n'est pas née d'une autre, elle n'est pas issue d'un œuf comme le moineau, d'une graine comme le haricot. Tout ce que l'on peut dire, c'est qu'elle provient d'une pierre plus grosse, mise en pièces d'une façon ou de l'autre. Les pierres et tous les corps inanimés ne naissent pas.

Vivent-ils? Pas davantage. Ce serait se moquer que de dire qu'un caillou se nourrit, s'alimente. Loin de s'accroître, une pierre diminue au contraire, brisée par les passants, lentement rongée et mise en poudre par l'air, la gelée, la pluie.

Meurent-ils? Non plus. Privés de vie, ils ne peuvent mourir. Tel rocher sur la pente d'une montagne est aussi vieux que la montagne qui le porte, et nul n'oserait assigner une limite à sa durée. Le Sequoia géant est dépassé en durée par le moindre grain de sable, qui, étant inanimé, n'a pas en lui une cause de destruction, et doit par conséquent persister indéfiniment, si rien d'étranger ne le met en poudre.

Concluons : les êtres vivants naissent, durent un certain temps par l'alimentation et meurent; les corps inanimés ne naissent pas, ne s'alimentent pas, ne meurent pas.

CHAPITRE II

DIFFÉRENCES APPARENTES DES ANIMAUX ET DES VÉGÉTAUX. CE QU'ON ENTEND PAR RÈGNES

1. **Le mouvement volontaire.** — Bull est un honnête chien, cependant il ne vient pas toujours quand on l'appelle. S'il le veut bien, il accourt; s'il ne veut pas, il ne bouge. Il lui arrive même de s'enfuir, surtout s'il voit le fouet; mais alors, reconnaissons-le, il n'est pas tout à

fait dans son tort. Donc Bull se meut, il va et vient à sa guise. Il est maître de ses mouvements, il en fait usage à sa volonté. Il en use pour accompagner son maître à la promenade, gambader en des moments de folle joie, courir à fond de train sur un gibier blessé, aller de l'un à l'autre autour de la table pendant le dîner, en quête d'un os ; il en use, il en abuse lorsqu'il se roule avec des camarades pour un regard de travers, pour un rien. Ces mouvements sont *volontaires :* la cause en est dans l'animal, qui les suspend et les reprend à son gré.

Mais lorsque, avec des bruissements de feuillage, les arbres balancent la tête comme pour se saluer entre eux, nous ne disons pas : voilà des arbres qui mutuellement se font la révérence ; nous disons : voilà des arbres agités par le vent. La cause de ces mouvements n'est pas dans l'arbre ; elle est ailleurs. Si le vent cesse, l'agitation du branchage cesse ; elle reprend si le souffle renaît. Les végétaux n'ont pas de mouvements volontaires.

2. **La sensibilité.** — Bull aime les caresses. Quand on lui passe la main sur le front en signe d'amitié, il s'abandonne à des transports de joie, et tout son corps frémit de bien-être. Mais il n'aime pas les coups. Rien qu'à la vue du fouet, l'instrument de correction, nous savons qu'il s'encourt au plus vite. Si la mèche du fouet l'effleure seulement, il jette un cri de douleur, il se plaint, il gémit, demandant grâce par son humble posture.

Mais ne parlons pas des peccadilles qui lui valent correction, parlons de ses talents. Quel flair pour explorer le chemin du bout du nez et retrouver son maître, qu'il a perdu ; quelle ouïe fine pour entendre à distance le pas d'un étranger, dont il donne avis en aboyant ; quelle acuité de vue pour apercevoir, au plus épais des broussailles, l'oreille aiguë ou la queue blanche d'un lapin ! Son grand régal est l'os. Avec quelle affection, couché sur le ventre, il le tient entre les pattes de devant pour le ronger à l'aise, en commençant par la partie renflée du bout, partie plus tendre ! Qu'on ne vienne pas alors le déranger, il pourrait protester brutalement, même envers une main amie. Gare surtout au chat qui, en ce moment, aurait l'indiscrétion de s'approcher de l'os. Mais au-dessus de son amour effréné pour l'os, est son amour pour le sucre. N'y en aurait-il pas plus gros qu'un pois, c'est pour lui suprême délectation que de croquer la douce friandise. Il la savoure avec délices, puis se passe, à diverses reprises, la langue sur son gros nez noir comme pour dire : Ah ! que c'est bon !

Eh bien ! tout cela, éprouver tantôt du plaisir, tantôt de la douleur, voir, flairer, entendre, déguster, s'appelle la *sensibilité* ou la *faculté de sentir*. Tous les animaux en sont doués, qui plus, qui moins. Chez les animaux les plus chétifs, la sensibilité se simplifie beaucoup ; mais si réduite qu'elle soit, elle se traduit toujours au moins, sous la piqûre d'une aiguille, par des tressaillements des chairs, signe incontestable de douleur.

Les végétaux n'ont pas de sensibilité. Voir, entendre, déguster, flairer, sont des attributions non accordées à la plante. Pour elle encore ni plaisir ni douleur. L'herbe qu'on arrache et que l'on foule aux pieds, ne manifeste aucun signe de souffrance ; le chêne auquel la hache du bucheron fait de profondes entailles, reste impassible sous les coups de cognée. La douleur n'a pas de prise sur le végétal, ni par conséquent le plaisir, car douleur et plaisir toujours s'accompagnent, l'un ne peut aller sans l'autre.

Rien ne paraît donc plus simple que de tracer une nette démarcation entre les deux séries d'êtres vivants, les animaux et les végétaux. L'animal possède le mouvement volontaire et la sensibilité ; la plante ne les possède pas. Mais si l'on veut aller un peu au fond des choses, la démarcation cesse d'avoir la netteté qu'on lui trouvait d'abord. Diverses plantes nous montrent de singulières choses, bien propres à nous faire réfléchir. Voyons quelques-unes de ces singulières choses.

3. **Le Sainfoin oscillant.** — Cette plante est originaire des plaines humides et chaudes du delta du Gange. En Europe, on la cultive dans les serres. Ses feuilles, comme celles de notre trèfle, sont composées chacune de trois folioles, avec cette différence que les folioles du sainfoin

oscillant sont très inégales, celle du milieu grande et ovale, atteignant jusqu'à un décimètre de longueur, les deux latérales fort petites en proportion et mesurant au plus une paire de centimètres.

La grande foliole est soumise à une alternative de redressement et d'abaissement que provoque la présence ou l'absence du soleil. Dans la nuit, elle est pendante et appliquée contre la tige par sa face inférieure. Aussitôt le jour paru, elle se meut lentement et se redresse peu à peu à mesure que le soleil monte. A l'heure de midi, par un jour bien vif, elle est en ligne droite avec la queue ou *pétiole* qui la porte. On la voit alors, si la chaleur est ardente, s'animer d'un tremblotement très appréciable. Puis le soleil décline, et la foliole décline aussi pour reprendre, à la nuit, sa position pendante.

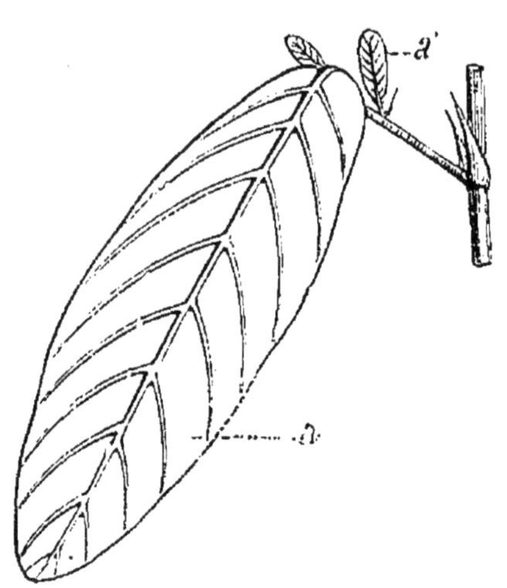

Fig. 5. — Sainfoin oscillant.

Outre cette oscillation générale réglée par le cours de l'astre, elle en accomplit d'accidentelles d'après l'état lumineux du ciel. Un nuage vient-il à projeter de l'ombre, la foliole descend ; le jour reprend-il sa sérénité, la foliole remonte. Elle est enfin tellement sensible à l'influence de la lumière, qu'à toute heure du jour elle change de direction, s'élève ou s'abaisse, suivant que l'illumination de l'atmosphère s'accroît ou s'affaiblit.

Le mouvement des deux folioles latérales est bien plus remarquable et indépendant de l'excitation lumineuse. Dans l'obscurité comme à la lumière, de nuit ainsi que de jour, pourvu que la température soit convenablement élevée, ces deux folioles s'abaissent et se relèvent à tour de rôle sans discontinuer, semblables à deux ailes qui lentement battraient l'air en sens inverse. Dès que celle de droite est parvenue au terme de son ascension, la foliole de gauche descend, reste un moment stationnaire au point le plus bas de sa course, puis remonte, tandis que la foliole opposée redescend. Il suffit d'une paire de minutes pour l'aller et le retour. L'ascension est plus lente que la descente, et s'effectue quelquefois par secousses pareilles à celles d'une aiguille de montre à secondes. Le nombre de ces petits élans saccadés est d'une soixantaine par minute. Ce perpétuel jeu de balançoire est d'autant plus actif que

Fig. 6. — Dionée gobe-mouches.

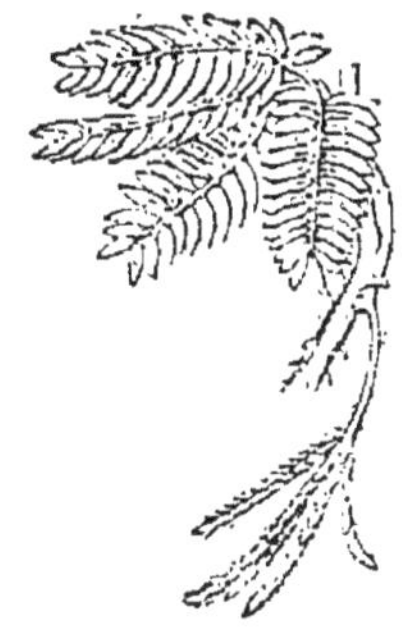

Fig. 7. — Fragment de Sensitive, avec une feuille étalée et une feuille repliée.

le temps est plus humide et plus chaud; il persiste sur les feuilles détachées de la plante et ne cesse qu'à la mort des folioles.

4. **La Dionée gobe-mouches.** — La dionée gobe-mouches est une petite herbe des marais de la Caroline du Nord. Ses feuilles se composent d'un pétiole dilaté sur les côtés en larges ailes, et d'une lame arrondie dont les deux moitiés peuvent jouer autour de la côte médiane comme autour d'une charnière et s'appliquer l'une contre l'autre. Cette lame est en outre bordée de cils pointus et raides.

Si quelque insecte vient à s'y poser, la feuille rapproche

vivement ses deux moitiés et saisit la bestiole dans le filet de ses cils entre-croisés. Plus l'insecte s'agite pour se libérer, plus le piège végétal se contracte, excité par les mouvements du captif. Alors se passe un fait plus étrange encore, et que volontiers on relèguerait au nombre des fables s'il n'était affirmé par les témoins les plus dignes de foi. Autour de l'insecte mort, la feuille transpire une humeur qui convertit le petit cadavre en un putrilage liquide. Le suc de cette purée animale est enfin absorbé par la feuille, qui s'en imbibe et en nourrit la plante. Il y a donc des végétaux carnivores, chassant la proie pour s'en alimenter. La dionée, entre autres, de ses feuilles fait des traquenards pour y prendre le gibier.

5. **La Sensitive.** — C'est une plante herbacée originaire de l'Amérique méridionale, recherchée à cause de la propriété qui l'a rendue célèbre et lui a valu son nom. On la cultive en pots dans nos jardins. Les feuilles sont composées de nombreuses folioles réparties sur deux rangs en quatre groupes; la tige est armée d'aiguillons crochus et les fleurs sont disposées en petites houpes globuleuses.

La plante, supposons, est au soleil, toutes les feuilles pleinement étalées. On touche légèrement une foliole, une seule, celle par exemple de l'extrémité. Aussitôt cette foliole se redresse obliquement, sa compagne du côté opposé en fait de même, et les deux viennent s'appliquer l'une contre l'autre par la face supérieure. L'impulsion donnée se propage plus loin. La seconde paire de folioles se meut comme la première, la troisième en fait autant, puis la quatrième, la cinquième, si bien que, de proche en proche et chacune à son tour, d'après l'ordre de succession, toutes se redressent et se couchent l'une sur l'autre.

La propagation de l'ébranlement peut suivre une marche inverse. Si l'on touche une foliole à la base de la double rangée, les autres se replient par ordre, d'arrière en avant. L'impression est donc transmise dans un sens comme dans l'autre, de la foliole ébranlée aux folioles suivantes.

Si l'événement a peu de gravité, les trois ou quatre paires

voisines du point atteint se replient, les autres ne remuent pas. Si le choc est plus rude, les folioles se replient d'un bout à l'autre, leurs supports se rassemblent en un faisceau; et la queue de la feuille entière, pivotant sur son point d'attache, s'infléchit vers la terre. Enfin, si la secousse est violente, toutes les feuilles se ferment à la hâte, prennent un aspect fané et pendent, comme mortes, le long de la tige.

Dans tous les cas, le trouble est momentané. Le calme revenu, les pétioles tournent lentement sur leur base, les feuilles se redressent et les folioles s'étalent. Dans les plaines brûlantes du Brésil, où la sensitive couvre de grandes étendues de terrain, il suffit parfois du galop d'un cheval ou même de la marche d'un passant sur la route, pour provoquer l'agitation de la plante. Le faible ébranlement que le pas du voyageur imprime au sol suffit pour faire refermer leurs feuilles aux sensitives les plus rapprochées; celles-ci, en se mouvant, secouent leurs voisines, et de l'une à l'autre l'impulsion se propage à la ronde. Sans cause apparente, le tapis de verdure soudainement s'anime, s'agite et prend un aspect flétri.

6. **Autres moyens de provoquer les mouvements de la Sensitive.** — La sensitive n'est pas seulement impressionnée par le choc ou l'ébranlement, elle est encore sensible aux divers excitants qui impressionnent l'animal, comme le changement brusque de température, l'action de la chaleur ou du froid, l'effet d'un corrosif. Étalée dans la tiède atmosphère d'une serre, une sensitive se replie brusquement si l'on ouvre le vitrage pour laisser entrer l'air frais de l'extérieur; elle se replie encore quand, épanouie à l'ombre, elle reçoit sans transition les rayons du soleil. Il suffit d'un nuage qui rafraîchit la température en voilant un instant le soleil, pour lui faire fermer son feuillage.

Si l'on concentre les rayons solaires sur une foliole avec une lentille de verre, ou bien si l'on brûle légèrement cette foliole avec une mèche de papier allumé, la plante, en quelques minutes, ferme et rabat toutes ses feuilles à partir du point brûlé. On obtient le même résultat en déposant sur une foliole, avec toutes les précautions nécessaires pour éviter le moindre ébranlement, une gouttelette d'eau-forte ou d'huile de vitriol. L'une et l'autre de ces deux épreuves, quoique ne blessant qu'un point de la sensitive, sans aucune secousse, causent une impression très profonde et durable, car la plante expérimentée met jusqu'à une dizaine d'heures pour revenir à l'épanouissement. Si même l'épreuve est répétée plusieurs fois de suite, le pied le plus vigoureux devient languissant et finit par périr. De tels faits mettent en mémoire l'animal qui revient vite d'une émotion légère, et succombe enfin quand il est trop violemment ébranlé par la répétition de la souffrance.

7. **Influence de l'habitude.** — Chez l'animal, l'habitude émousse la sensibilité, et telle excitation légère qui provoquait au début des signes de malaise, n'en provoque plus quand elle est longtemps continuée. La sensitive, elle aussi, subit l'ascendant de l'habitude. On cite à ce sujet l'expérience suivante : Une sensitive bien épanouie est mise dans une voiture. Aux premiers cahots du départ, les feuilles s'ébranlent et se ferment. Comme le voyage est de quelque durée, la plante peu à peu se rassure en quelque sorte, se remet de son émotion, et finit par étaler son feuillage comme si elle était dans un complet repos. Les heurts des roues contre les cailloux, les soubresauts, dont le moindre au début l'aurait commotionnée, restent maintenant sans effet : la sensitive y est habituée. La voiture s'arrête, et l'épanouissement ne s'affirme que mieux. La marche reprend. Nouvelle contraction soudaine du feuillage, mais de moindre durée que la première, comme si l'épreuve passée avait aguerri la sensitive contre l'épreuve présente. Enfin le parcours se continue et s'achève avec la plante épanouie en plein.

8. **Expérience avec l'éther.** — Certaines substances, telles que l'*éther* et le *chloroforme*, ont la propriété d'engourdir la sensibilité, de la suspendre momentanément et de produire ce qu'on nomme l'*anesthésie*. On utilise

cette merveilleuse propriété pour supprimer la douleur dans de graves opérations chirurgicales. Rendu insensible pour quelques minutes, le patient est indifférent au bistouri qui lui taille les chairs.

Mettons sous une cloche un oiseau avec une éponge imbibée d'éther. Dans cette atmosphère imprégnée de vapeurs éthérées, l'animal ne tarde pas à être pris d'une torpeur profonde; bientôt il vacille, il tombe, en apparence mort. Retirons alors l'oiseau de dessous la cloche, car, si cet état se prolongeait trop, le retour à la vie ne serait plus possible. On reconnaît que le cœur lui bat comme d'habitude, que la respiration s'accomplit d'une façon régulière. L'animal est donc en vie; et cependant on peut le pincer, le piquer, le blesser grièvement sans amener le moindre frisson signe de douleur. La vie est là entière, moins la sensibilité. Puis cet état se dissipe comme une ivresse passagère, l'oiseau reprend ses sens, son aptitude à la douleur, et se retrouve enfin ce qu'il était avant l'expérience.

Soumettons la sensitive à une épreuve pareille. Au bout d'un certain temps, bien plus long que pour l'oiseau, la plante est engourdie. La sensitive est retirée de la cloche à éther avec son feuillage étalé comme il l'était au début; mais pour quelque temps ce feuillage est insensible. On peut choquer les folioles, les brûler, les traiter de telle façon que l'on voudra sans parvenir à les faire fermer. Comme pour l'animal, cette impassibilité est passagère : si le séjour sous la cloche à éther n'a pas été de trop longue durée, ce qui amènerait, pour la plante ainsi que pour l'oiseau, la perte complète de la vie, la sensitive revient peu à peu impressionnable et finit par fermer son feuillage au moindre attouchement.

9. **Conclusions.** — Après ce court exposé des faits, quelle différence voyons-nous entre la sensibilité de l'étrange plante et la sensibilité de l'animal, du ver de terre, par exemple, qui se déploie, s'allonge si rien ne le trouble, se ramasse sur lui-même, se raccourcit, s'il y a péril? Nous n'en voyons aucune. Entre l'animal et la plante, il

n'existe donc pas de démarcation absolue : tous les attributs du premier, même le mouvement et la sensibilité, se retrouvent dans la seconde, du moins à l'état de vague ébauche.

Toutefois, à part de rares exceptions dont nous venons de signaler les plus importantes, la plante d'elle-même ne se meut et paraît insensible aux excitations. Nous en tenant à ces apparences, nous regarderons le mouvement volontaire et la sensibilité comme les caractères distinctifs de l'animal. Nous dirons donc en résumé :

Les *minéraux* ne vivent pas.

Les *végétaux* vivent.

Les *animaux* vivent, sentent et se meuvent volontairement.

10. **Les trois règnes.** — L'ensemble des êtres se partage aussi en trois grands groupes que l'on désigne par l'expression de *règnes*, savoir :

Le *règne minéral*. Là sont compris tous les corps bruts, les pierres, les roches, les métaux, les minerais, les terres, l'eau, l'air ;

Le *règne végétal*, comprenant tous les végétaux depuis la moindre moisissure jusqu'à l'arbre le plus élevé ;

Le *règne animal*, formé de l'ensemble des animaux, grands ou petits, vivant sur la terre ou dans les mers.

CHAPITRE III

ANIMAUX LES PLUS GROS ; LES PLUS PETITS VISIBLES A L'ŒIL NU, A LA LOUPE, AU MICROSCOPE

1. **La Baleine.** — Ce n'est pas sur la terre, ce n'est pas dans les airs qu'il faut s'attendre à trouver les animaux de plus grande taille. Lorsque le corps acquiert des dimensions énormes, des pieds ne peuvent plus le supporter, des

ailes ne peuvent plus le soutenir. Il faut le soutien des eaux pour de pareilles créatures. C'est donc dans la mer que vivent les animaux les plus gros. De ce nombre est la *Baleine*, qui n'est pas un poisson malgré sa vie aquatique, mais un animal allaitant ses petits comme le font la brebis et la vache. Cependant sa forme, disposée pour une nage très rapide, est grossièrement celle des poissons.

Elle a en avant, sur les côtés, deux amples nageoires, et la queue aplatie en forme une troisième, principal organe du mouvement ; mais à l'inverse de ce que nous montrent les poissons dont la queue s'étale toujours en une lame verticale, la baleine a la sienne étalée horizontalement, de sorte que pour progresser, elle choque l'eau de haut en bas, au lieu de la frapper de droite à gauche et de gauche à droite tour à tour. L'animal mesure jusqu'à trente-cinq mètres de longueur. Avec vingt mètres seulement de dimension, il pèse 70 000 kilogrammes, près de cent fois le poids d'un bœuf. On assure même que la baleine peut arriver au poids de 250 000 kilogrammes.

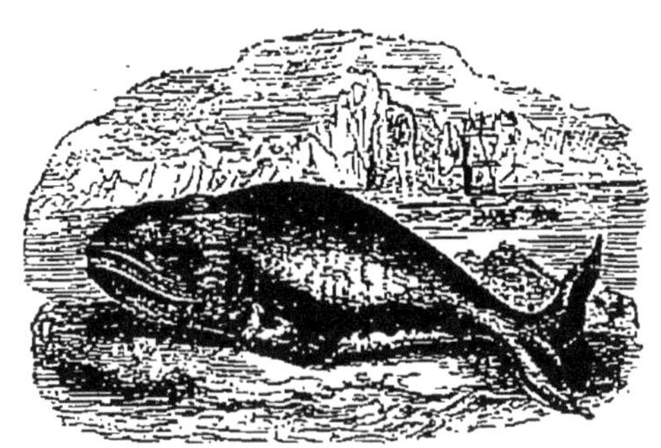

Fig. 8. — La Baleine.

La tête, de forme arquée, fait environ le tiers de cette énorme masse, et apparaît de loin au-dessus des flots comme un monticule noir. Elle est percée au sommet de deux ouvertures ou *évents*, par où la baleine lance les fumées de son souffle humide, parfois avec accompagnement de colonnes d'eau. La gueule est un antre où un homme pourrait aisément se tenir debout. La mâchoire supérieure est armée, en guise de dents, de sept cents lames frangées sur les bords et de nature cornée, qui pendent verticalement de chaque côté. On donne à ces lames le nom de *fanons*. Leur longueur varie de quatre à cinq mètres. Solides et flexibles à la fois, elles sont recherchées par l'industrie, qui en fabrique, en particulier, des baguettes pour fusils de chasse, et des charpentes pour maintenir ouverte l'étoffe des parapluies. Elles prennent alors le nom de l'animal qui les fournit, le nom de *baleines*. Pour plancher, cette gueule a un énorme matelas de graisse, de huit mètres de longueur sur quatre de largeur et d'où l'on peut retirer, par la fusion dans des chaudières, de cinq à six barils d'huile, le baril équivalant au quintal métrique ou à cent kilogrammes. Ce prodigieux lardon est la langue.

Ce géant des mers se nourrit d'animaux très petits, vermisseaux et autres animalcules dont la mer parfois fourmille jusqu'à devenir une sorte de purée animale. Le nombre immense des animalcules engloutis à chaque bouchée supplée à leur taille. La baleine nage à la surface des eaux, la gueule ouverte. En refermant les mâchoires, elle happe un grand volume d'eau, qui se tamise à travers la palissade des fanons. Cette eau est rejetée, et il reste la masse des animalcules saisis.

Fig. 9. — Pêche de la Baleine.

La peau de la baleine est un cuir uni, noir et dur, au-dessous duquel se trouve une épaisse couche de lard. C'est pour ce lard et pour les fanons que se fait la pêche de la baleine.

2. **Pêche de la Baleine.** — La pêche de la baleine se fait dans les mers froides de l'un et l'autre pôle. Les bâtiments employés, ou navires *baleiniers*, portent de trente à quarante-cinq hommes d'équipage. Les armes pour l'attaque sont le *harpon* et la *lance*. Le harpon est un dard en fer, long de près d'un mètre, effilé au bout, tranchant des deux côtés, barbelé sur les bords. Il se termine à l'autre extrémité par une douille, qui reçoit un solide manche en bois de deux à trois mètres de longueur. Une

très longue *ligne*, c'est-à-dire une fine corde en chanvre, conservant toujours sa flexibilité malgré le froid, est fixée à la douille du harpon. La lance est de trois à quatre mètres de longueur, y compris le manche. Le fer, qui forme à lui seul la moitié de cette longueur, s'élargit à l'extrémité en une lame ovalaire à bords très tranchants.

Dès que le *guetteur*, matelot placé en observation au sommet du grand mât, voit au loin une baleine, il donne le signal, et des chaloupes partent en silence vers le point désigné, évitant tout bruit qui pourrait effrayer l'animal. A l'avant de l'embarcation est le pêcheur le plus adroit et le plus vigoureux, le harponneur, debout et tenant son dard à la main. Doucement on se rapproche de la bête jusqu'à une dizaine de mètres de distance. Alors avec toute l'adresse et toute la force dont il est capable, l'homme de l'avant lance son harpon, et de préférence contre les points les plus sensibles de l'animal, le dos, le ventre, les deux masses de chair qui sont à côté des évents. Du reste, le poids du fer triangulaire fait que le harpon retombe toujours la pointe la première de quelque manière qu'il soit lancé.

Se sentant blessée, la baleine donne un violent coup de queue qui provoque à la ronde comme une tempête; à l'instant elle plonge, et entraîne avec elle la ligne fixée au harpon. Sa fuite est si rapide, que si la corde venait à résister un moment tandis qu'elle se déroule, la chaloupe infailliblement chavirerait et coulerait à fond. Aussi veille-t-on avec le plus grand soin à ce que la ligne ne s'accroche, ne s'embrouille jamais; de plus, pour éviter que le frottement contre le bord de l'embarcation ne l'échauffe jusqu'à l'enflammer, on ne cesse de la mouiller. Cependant la chaloupe est entraînée avec une vitesse effrayante; elle s'ouvre un profond sillon et soulève devant elle une vague qui masque l'horizon aux matelots.

Au bout de quelque temps, d'un quart d'heure environ,

la baleine, dont la vie n'est nullement celle des poissons, a besoin de revenir à la surface des eaux pour respirer. On la voit donc reparaître au-dessus des flots, quelquefois très loin du point où elle a plongé. Une nouvelle attaque a lieu, d'abord avec le harpon, puis lorsque l'animal est assez affaibli, avec la lance. Ce qu'on évite surtout tant que dure la lutte, c'est la terrible queue de la bête, qui se soulève, se balance un moment dans les airs puis retombe à plat avec une puissance capable d'écraser la chaloupe. Malheur encore à l'embarcation qui se trouverait au-dessus de la bête remontant du fond des eaux. On a vu des canots bondir à cinq mètres de hauteur par le choc, être retournés sens dessus dessous et retomber la quille en haut.

Lorsque le colosse est mort, on passe un nœud coulant par-dessus la nageoire de la queue, et les chaloupes remorquent l'animal vers le navire. Là on l'amarre solidement le long du bord et l'on procède au dépeçage. Les dépeceurs ont leurs bottes garnies de crampons qui leur servent à se maintenir fermes et à marcher sur le corps glissant de la baleine. Leurs instruments sont des couteaux dont l'acier a deux tiers de mètre en longueur, et le manche deux mètres. Pendant le travail, deux chaloupes, l'une en avant, l'autre en arrière, éloignent du cadavre les oiseaux de mer, gloutons affamés accourant en foule de tous les points de l'horizon pour se jeter sur la somptueuse proie.

On enlève d'abord les parties grasses de la tête, la langue surtout qui, à elle seule, donne communément de cinq à six barils d'huile. Puis on détache en spirale, tandis que des cordages font lentement tourner la baleine sur elle-même, des bandes de lard d'un mètre et demi de largeur. Assez longues, ces bandes sont coupées à la base et hissées à bord au moyen de crocs et de palans. Enfin on enlève les fanons, et l'on abondonne à la dérive la gigantesque carcasse, désormais la proie des oiseaux de mer et des ours blancs.

Pour fondre le lard et en retirer l'huile, on le met par

morceaux dans de grandes chaudières avec de l'eau sur un fourneau. Après quelques heures de fusion, on puise l'huile toute bouillante et on la verse dans des baquets contenant de l'eau froide, où elle se purifie avant d'être mise en tonneaux. Il n'est pas rare qu'une seule baleine fournisse jusqu'à quatre-vingt-dix barils d'huile. Cette huile est jaunâtre et d'odeur très désagréable. Elle trouve son emploi dans l'éclairage, la préparation des cuirs et la fabrication de savon.

3. **L'Éléphant.** — Bien au-dessus de notre bœuf, vient pour la taille l'éléphant, le plus gros des animaux terrestres. En outre de sa monstrueuse corpulence, il attire notre attention par sa *trompe* et par ses *défenses*. La trompe est un nez démesurément long ; les deux ouvertures des narines sont au bout. Elle est très flexible et mobile en tous sens. Son extrémité se termine par un appendice charnu, faisant office d'un doigt d'une merveilleuse dextérité, et capable, par exemple, de dénouer une corde, déboucher une bouteille, tourner une clef dans sa serrure, guider un crayon sur le papier.

Fig. 10. — L'Éléphant.

Avec la trompe et son doigt terminal, l'éléphant cueille à terre la nourriture que la brièveté du cou ne lui permettrait pas d'atteindre des lèvres, et avec cette espèce de main, il la porte à la bouche. Le même organe fonctionne comme une pompe pour la boisson. En aspirant, l'animal remplit d'eau sa double narine ; puis repliant la trompe, il lance le liquide dans le gosier. Enfin la trompe joint à la dextérité la puissance ; elle peut arracher des arbres et soulever des fardeaux que l'homme ne pourrait même remuer. Elle est pour l'animal l'arme principale; avec elle il saisit et terrasse l'ennemi, pour l'écraser après sous ses énormes pieds, ou le serrer contre quelque obstacle résistant et sa monstrueuse tête.

De la mâchoire supérieure sortent deux grosses dents pointues, qui font longuement saillie hors des lèvres, et dont le poids, pour la paire, atteint jusqu'à 150 kilogrammes. Ce sont là les *défenses*. L'éléphant en fait usage pour fouiller le sol quand il recherche des racines charnues pour sa nourriture. Mais cet instrument de labour pacifique est aussi une arme terrible avec laquelle se transperce un ennemi dangereux. Si la lutte est trop périlleuse et que la trompe soit menacée, l'éléphant replie celle-ci sur le front et présente à l'agresseur, pour le tenir en respect, le double dard de ses défenses. La matière qui les compose n'est autre chose que l'*ivoire*, employé dans l'ornementation à cause de sa belle couleur blanche, de sa dureté, de sa texture fine et serrée. Il s'en fait un commerce considérable et la chasse aux éléphants, en particulier dans les régions centrales de l'Afrique, n'a d'autre but que de se procurer les défenses de la bête. Les éléphants sont doués d'une force prodigieuse, doux de caractère, dociles en captivité, très intelligents. Dans l'Inde, on les utilise comme des bêtes de somme.

Fig. 11. — La chasse à l'Éléphant.

4. **La Musaraigne.** — En opposition avec ce colosse, citons maintenant, parmi les animaux de nos régions, le plus petit de ceux qui allaitent leurs petits, et ont le corps couvert de poils. C'est la *Musaraigne* ou *Musette*, dont la longueur n'est guère que de 4 centimètres. Comparons en passant cette exiguïté avec l'énormité de l'élé-

phant et surtout de la baleine, qui néanmoins allaitent aussi leurs petits et sont organisés à l'intérieur sur le même modèle que la musaraigne.

La mignonne créature a quelque ressemblance avec la souris, mais elle est beaucoup plus petite. Sa queue est

Fig. 12. — La Musaraigne.

moins longue, sa tête plus effilée et son museau plus pointu. Ses oreilles sont courtes et arrondies; enfin son pelage est à peu près celui de la souris. La musaraigne est un ardent chasseur de menu gibier, un mangeur de vermine et d'insectes. Son corps fluet, capable de se glisser

Fig. 13. — Le Cloporte. Fig. 14. — La Limace. Fig. 15. — La Blatte.

dans le moindre trou, son long museau propice à l'exploration du plus étroit recoin, lui permettent de fureter partout où la vermine trouve un asile. Gare au cloporte roulé en boule dans une fissure au pied du mur, à la limace abritée sous une feuille ou sous une pierre : la musette saura bien les atteindre, elle si petite, qui trouverait à se loger dans une coquille de noix. Vainement ils se cachent; la musaraigne n'a pas besoin de les voir pour les découvrir : de son flair subtil, elle les devine; pour peu qu'ils remuent, elle les entend. Les clapiers des scarabées, les garennes des blattes, les cachettes du moindre ver, n'ont pas de secret pour elle. On pourrait l'appeler le furet des insectes.

Les musaraignes fréquentent les prairies, les champs, les jardins; en hiver, elles se rapprochent des habitations et se réfugient sous les meules de paille ou dans les tas de fumier. Par les grands froids, elles viennent jusque dans les étables, où elles vivent de blattes et de cloportes; mais pendant la belle saison, il leur faut la campagne, tantôt la prairie, tantôt le jardin, où ces minutieux chercheurs font une guerre d'extermination à la gent dévorante des insectes et des vers, sans jamais toucher aux fruits, aux racines, aux grains. Et cependant on croit faire bonne œuvre en les écrasant toutes les fois que l'occasion s'en présente.

Comment un animal si petit, si gracieux , si utile, a-t-il pu s'attirer à ce point la haine de l'homme? Nous avons là un exemple de la sottise où nous entraîne l'habitude d'accepter la première idée venue sans chercher à la contrôler par les lumières de l'observation et de la raison. On prétend que la musaraigne mord les chevaux aux pieds et leur fait des blessures incurables. A cette accusation, répondons que la musaraigne, dont la tête est au plus grosse comme un pois ne peut mordre un cheval, lui happer le cuir, épais d'un travers de doigt. On dit encore que la musaraigne est venimeuse, même pour l'homme. Rien de plus faux, et la cause qui a valu à la musaraigne sa mauvaise réputation, est très probablement celle-ci. L'élégante créature sent assez fortement le musc. Le chat, la prenant pour une souris, lui fait parfois la chasse; mais rebuté par l'odeur, il ne la mange jamais. Les premiers qui ont constaté ce fait se sont dit sans plus ample informé : puisque le chat n'ose la manger, la musaraigne est venimeuse. Depuis, dans la campagne, l'idée fausse se transmet sans que nul songe à y regarder de plus près ; et la pauvre musette périt victime de la sottise de l'homme dont elle garde le jardin.

5. **Les insectes.** — Nous n'avons vu jusqu'ici, du plus grand, la baleine, jusqu'au plus petit, la musaraigne, que des animaux de la classe supérieure, à structure dans sa plus haute perfection ; disons quelques mots maintenant d'une autre série animale, des insectes, si abondamment répandus partout. Nous trouverons là comme le plus gros de nos climats, le *Cerf-volant*, dont la taille égale et même dépasse celle de la musaraigne. Chacun connaît la bête avec ses robustes pinces branchues, ayant un peu l'aspect des cornes du cerf, d'où le nom de l'insecte. Avec lui rivalise de grosseur l'*Hydrophile*, taillé en forme de pirogue et vivant dans les eaux en navigateur et plongeur expert. Quand il plonge, on lui voit le ventre reluire comme s'il

Fig. 16. Le Carabe

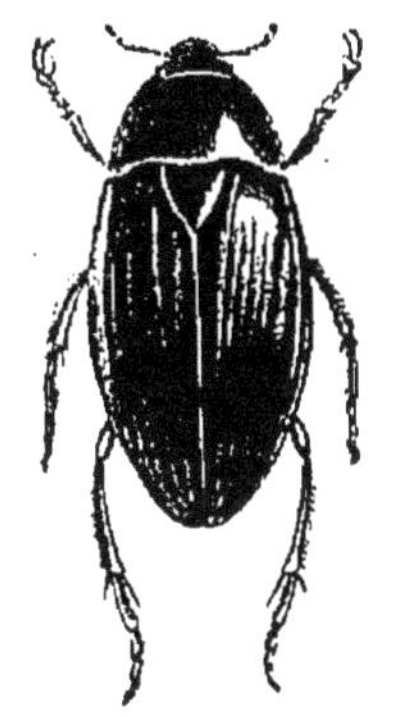

Fig. 17. — L'Hydrophile.

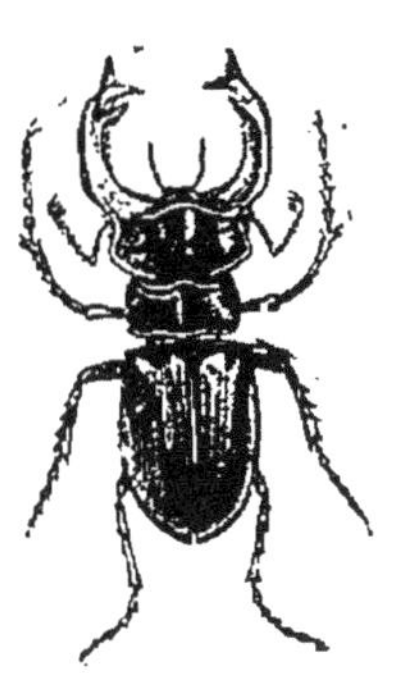

Fig. 18. Le Cerf-volant.

était plaqué d'argent. Cet éclat est dû à une lame d'air qu'il emporte avec lui pour respirer au fond des eaux. Mentionnons encore au sujet de cet habile nageur, les pattes aplaties en larges rames. A un degré moindre de taille est le *Carabe*, vif d'allures, svelte et richement costumé. Qui ne l'a vu errer dans les allées d'un jardin, vêtu d'une brillante cuirasse qui semble faite de bronze poli ?

6. **Scolytes.** — Passons à de plus petits, qui, pour être

vus, ne nécessitent pas encore l'emploi de verres grossissants, mais pour lesquels un millimètre est déjà une longueur non négligeable. Ici les exemples se pressent en foule, car le monde des petits est incomparablement plus nombreux que le monde des grands. Choisissons le *Scolyte*, ravageur des arbres.

Il est petit, bien petit : d'un bout du corps à l'autre, on compte quelque chose comme 6 millimètres. Mais ce sont précisément les petits destructeurs qui sont les plus à craindre, parce qu'ils sont très nombreux et qu'ils échappent à nos regards peu attentifs. C'est presque toujours à notre insu qu'ils exercent leurs ravages. Quand le mal est fait, on s'en aperçoit, mais alors il est trop tard. Que peut ronger un scolyte en sa vie? Peut-être un morceau de bois gros comme une cerise. Le mal n'est rien pour un arbre, pour un orme. Mais supposons des mille et des mille, et puis encore des mille scolytes, et, bouchée par bouchée du tout petit scarabée, le gros arbre y passera.

Fig. 19. — Le Scolyte et ses galeries.

C'est sous l'écorce que s'établissent les scolytes. En mai, la femelle, armée de robustes outils, s'enfouit dans l'écorce; puis, arrivée au bois, elle change brusquement de direction et creuse une galerie cylindrique de la grosseur de son corps. C'est le canal que nous montre la figure 19 au milieu des nombreuses ramifications qui en partent. A mesure que le travail avance, elle pratique à droite et à gauche du couloir, à des distances égales, de petites entailles dans chacune desquelles elle dépose un œuf. La ponte achevée, elle sort à reculons par le trou qui lui a servi d'entrée. Et c'est fini : le vivre et le couvert sont assurés à la famille du scolyte.

Les œufs éclosent peu de jours après. Il n'en sort pas de jeunes insectes semblables à la mère, mais des vermisseaux, des *larves* comme on dit, qui doivent devenir des scolytes. Nous reviendrons, en temps opportun, sur ces

transfigurations si curieuses des insectes. Les jeunes vers se mettent à ronger, toujours entre le bois et l'écorce, et en s'éloignant peu à peu de la galerie centrale où ils sont nés. Chacun se creuse ainsi une galerie, d'abord très étroite, tout juste suffisante au passage du petit vermisseau, puis de plus en plus large à mesure que la larve grandit. Voilà pourquoi les galeries latérales vont en s'élargissant à mesure qu'elles s'éloignent du canal percé par la mère.

Au moi de mai suivant, juste un an après l'éclosion des œufs, le ver est devenu scolyte, et l'insecte, perçant l'écorce, s'envole pour revenir bientôt à l'arbre pondre ses œufs. Comme trace de sa sortie, il laisse dans l'écorce une foule de petits trous ronds comme en ferait une fine vrille.

Les scolytes n'attaquent pas les arbres sains et vigoureux ; il leur faut une sève maladive, du bois un peu mortifié. Quand donc un orme ou un autre arbre dépérit de

Fig. 20. — Mite du fromage.

vieillesse, de blessures, de sécheresse ou pour tout autre motif, les scolytes accourent et achèvent le moribond. Le remède, si toutefois il est encore applicable, consiste donc à combattre les causes qui rendent l'arbre souffreteux. Si le dépérissement vient de la sécheresse, on pratique de copieux arrosages après avoir ameubli le sol par un labour profond; s'il résulte d'un défaut de nourriture, autour de l'arbre on remplace la terre épuisée par de la terre neuve et des engrais. Quand la santé revient et que la sève n'est plus dans l'état d'altération convenable à leurs goûts, les scolytes se retirent ou périssent, car il leur faut pour prospérer des arbres moribonds.

7. L'**Acarus du fromage.** — Armons maintenant notre regard d'un verre grossissant ou d'une loupe, car voici, innombrables, des animaux tellement petits que la vue simple ne pourrait les distinguer. L'un d'eux apparaît fré-

quemment sur nos tables au moment du dessert. Il habite la croûte sèche des fromages et se nomme *Acarus* ou *Mite*. Les mites sont de très petites bestioles, tout juste visibles pour une vue bien perçante. Leur corps, tout hérissé de cils raides, est porté sur huit courtes pattes. Fouillant de leur tête pointue la pâte tendre, elles vivent en sociétés innombrables sur la croûte et dans les crevasses du fromage. L'amas de ces animacules ressemble à de la poussière ; mais avec de l'attention et une loupe, on reconnaît bientôt que cette poussière est vivante, qu'elle se meut et grouille, enfin qu'elle est formée d'un nombre prodigieux d'animalcules.

Si on laisse les mites se multiplier à l'aise, peu à peu le fromage tombe en poudre. Pour prévenir leurs dégâts, il faut de temps en temps brosser les fromages avec une brosse rude et laver à l'eau bouillante les planches sur lesquelles on les tient. Si les fromages sont déjà attaqués, après les avoir bien brossés, on les enduit avec de l'huile, qui fait périr les mites. Un moyen plus énergique consiste à mettre les fromages dans une caisse close, dans laquelle on allume un peu de soufre. La vapeur suffocante qui se forme tue les animalcules sans nuire en rien aux qualités du fromage.

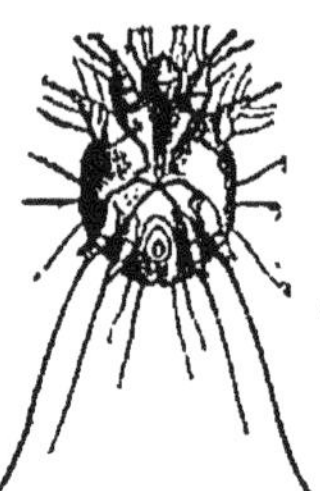

Fig. 21.— Sarcopte de la gale.

8. **Le Sarcopte de la gale.** —Un autre Acarus, plus petit encore que celui du fromage, et nommé *Sarcopte*, s'établit dans notre peau, qu'il laboure de sillons à la manière d'une taupe fouillant une prairie. Ses taupinières à lui sont de petits boutons, des pustules, siège de cuisantes démangeaisons. Telle est la cause de la maladie appelée *gale*. Un ciron de rien nous travaille la peau et nous voilà pris de démangeaisons intolérables. La gale se propage par le simple toucher, parce que l'animalcule passe de la personne malade sur celle qui ne l'est pas.

Le sarcopte de la gale est, pour la vue simple, un tout petit point blanc. Avec la loupe, on lui reconnaît une forme arrondie, rappelant un peu celle de la tortue. Il a huit pattes, comme l'acarus du fromage, deux paires sur le devant, deux paires en arrière, hérissées les unes et les autres de cils piquants et raides. Quand il marche, l'animalcule étale ses huit membres ; quand il est au repos, il les retire sous son corps voûté, à peu près comme une tortue rentre les pattes dans sa coque. Enfin sa bouche est armée de griffes, crocs et fines pinces.

C'est avec ces outils qu'il se creuse, de çà, de là, dans l'épaisseur de la peau, de longues galeries, où il va et vient à sa guise, ainsi que le fait une taupe dans la terre. Le mot *Sarcopte* signifie *qui taille les chairs*. Ce mot, à lui seul, dit les démangeaisons que doit produire ce laboureur de chair humaine quand, de son bec si bien outillé, il fouille et taille devant lui.

Pour tuer ce parasite et mettre ainsi fin à la maladie, on a recours au même moyen que pour débarrasser le fromage de ses mites : on expose le galeux, moins la tête, aux vapeurs suffocantes qui se dégagent du soufre en combustion ; ou bien on lui frotte le corps avec des liquides où entrent des compositions de soufre, propres à faire périr l'animalcule dans ses retraites au sein de la peau.

9. **Infusoires.** — La loupe devient insuffisante pour suivre l'animalité jusqu'aux extrêmes limites du petit ; il faut le microscope, qui grossit bien davantage ; et alors se dévoile tout un monde d'animalcules que le regard seul n'aurait jamais soupçonnés. Toutes les fois que l'on met infuser dans de l'eau, en présence de l'air, une matière d'origine végétale ou animale, il se développe bientôt dans ce liquide, surtout à la température de l'été, une multitude infinie d'animalcules, d'une petitesse extrême, visibles seulement au microscope et nommés *Infusoires*, par allusion à la méthode qui permet de se les procurer à volonté. Du reste, ces animalcules pullulent, sans notre intervention, dans toute eau stagnante avec pourriture, comme les eaux des fumiers, des mares, des fossés.

Les plus volumineux atteignent à peine 1 millimètre, et les plus petits se mesurent par millièmes de millimètre. Tel d'entre eux pourrait être contenu au nombre d'un million et plus dans une gouttelette d'eau pareille de volume à une petite tête d'épingle. Les délicates recherches de notre époque ont mis hors de doute que les germes, les œufs de ces animalcules, arrivent par la voie de l'air, indispensable à l'apparition des infusoires dans un liquide; comme le fait toute poussière assez fine.

Fig. 22. — Paramécie.

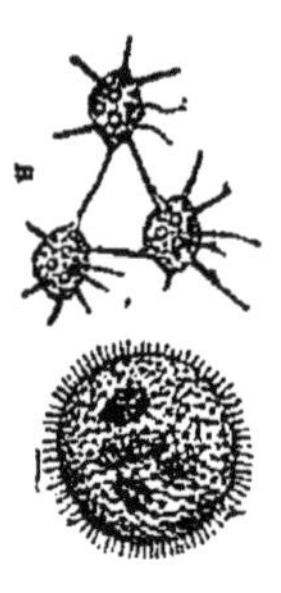

Fig. 23. — Volvoce.

Fig. 24. — Vorticelle.

Parmi les plus remarquables de ces animalcules sont les *Vorticelles*, en forme de calice, que borde une couronne de cils toujours en vibration, et que supporte un long pédicule fixé par la base, roulé en spirale dans le repos, puis se débandant avec brusquerie quand l'infusoire veut saisir une particule nutritive passant à sa portée; les *Paramécies*, de forme ovalaire, qui nagent mollement au moyen des nombreux cils dont le corps est hérissé; les *Volvoces* qui se réunissent en globes et se déplacent en tournoyant.

CHAPITRE IV

ANIMAUX TERRESTRES, AQUATIQUES, VOLANTS

1. **Animaux terrestres.** — La terre, l'air et l'eau, voilà les trois domaines que peuple le règne animal. De ces trois domaines, le règne végétal n'en occupe que deux : la terre et l'eau. Il y a des animaux terrestres, c'est-à-dire

qui vivent à la surface du sol; il y en a d'aquatiques, qui passent leur vie au sein des eaux; il y en a d'aériens, qui voyagent à travers l'air, mais sont obligés de revenir à terre pour le repos et la nourriture. Les premiers *marchent*, les seconds *nagent*, les troisièmes *volent*.

Les animaux terrestres les plus importants ont le corps couvert de *poils*, et sont doués de *mamelles* destinées à l'allaitement des jeunes. Pour la marche, la course, le saut, le bond, ils possèdent *quatre pattes*. Le chien, le mouton, le cheval, le bœuf, parmi nos animaux domestiques; le loup, le renard, l'ours, le lion, parmi les animaux sauvages, appartiennent à cette série. On les nomme *quadrupèdes* à cause de leurs quatre pieds.

D'autres animaux terrestres, bien moins nombreux, tout en possédant quatre pattes, ont le corps revêtu d'écailles, tel est le lézard; d'autres encore, également écailleux, sont dépourvus de pattes et *rampent*, tels sont les serpents. Rampent aussi le ver et la limace.

Les insectes, mouches, abeilles, scarabées et autres, ont tous six pattes; les araignées en ont huit; les mille-pieds n'en ont pas précisément mille comme leur nom semblerait l'indiquer, mais un nombre considérable qui peut atteindre et dépasser la centaine.

2. **Marche.** — Comme exemple de la marche des quadrupèdes, considérons en particulier le cheval. Ses différentes manières de marcher se nomment *allures*. Il y en a de naturelles et d'artificielles. Les premières sont employées par le cheval sans y être dressé; les secondes sont le résultat d'une éducation spéciale. Les allures naturelles sont le *pas*, le *trot* et le *galop*.

Dans le pas, les membres se déplacent en diagonale, l'un après l'autre, dans l'ordre que voici : le membre antérieur droit, le postérieur gauche, l'antérieur gauche et le postérieur droit. Si le cheval est bien conformé, le pied postérieur vient occuper l'empreinte laissée par le pied antérieur du même côté.

Dans le trot, les membres se lèvent et se posent deux à

deux, par paires diagonales, l'antérieur droit avec le postérieur gauche, et l'antérieur gauche avec le postérieur droit. Cette allure est plus rapide que la précédente, mais elle est aussi plus dure tant pour le cavalier que pour le cheval, à cause de la secousse qu'éprouvent les deux membres retombant à la fois sur le sol.

On distingue plusieurs sortes de galop. Le plus rapide consiste en une série de bonds en avant. Les deux membres antérieurs se lèvent à la fois, puis les deux membres postérieurs, qui poussent l'animal par une détente subite. Telle est l'allure des chevaux de courses.

Parmi les allures artificielles, citons l'*amble*. Dans ce mode de marche, les membres se meuvent par paires du même côté, les deux de gauche à la fois, puis les deux de droite, alternativement. Le cheval éprouve ainsi une sorte de balancement, qui rend l'allure douce et peu fatigante pour le cavalier. L'amble est cependant rapide, car l'appui manquant du côté où les deux pieds sont levés, l'animal ne prévient la chute que par la promptitude du pas.

Le cheval au galop parcourt dix mètres par seconde, sans dépasser quinze mètres dans l'état de sa plus grande vitesse. Au trot, il parcourt de trois à quatre mètres; et au pas, de un à deux. Cela revient, par heure, à treize lieues de quatre kilomètres pour le cheval lancé au grand galop; à trois lieues seulement pour le cheval au trot; à une lieue et demie pour le cheval au pas. Mais nous devons remarquer que si le cheval peut soutenir des heures entières le trot, il lui est impossible de conserver le galop une heure durant. La vitesse qui donnerait l'énorme distance de treize lieues par heure, dure une quinzaine de minutes au plus dans les courses, après quoi l'animal est à bout de forces.

Les animaux organisés pour bondir ont les membres postérieurs plus longs et plus forts que les membres antérieurs. Ils les fléchissent, puis les détendent brusquement à la façon d'un ressort. Tels sont le lièvre, le lapin, le chat; tel est surtout le kanguroo de l'Australie, qui progresse par bonds énormes, lancé à la fois par ses vigoureuses pattes postérieures et par sa queue non moins robuste. Parmi les insectes, les sauterelles et les criquets, bondissant et voletant tour à tour parmi les guérets, nous offrent un exemple remarquable de ce développement exagéré des pattes postérieures.

3. **Animaux aquatiques.** — En tête des animaux qui vivent au sein des eaux se trouvent les *Poissons*, recouverts d'écailles et doués de nageoires. Tandis que les animaux terrestres respirent l'air de l'atmosphère, les poissons et autres animaux franchement aquatiques respirent l'air dissous dans l'eau ; aussi n'ont-ils jamais besoin de sortir

Fig. 25. — Le Kanguroo.

Fig. 26. — Le Criquet.

de leur élément liquide pour venir un moment à la surface, se mettre en rapport avec l'atmosphère et suffire ainsi aux besoins de la respiration. Nous avons vu que la baleine, animal très différent des poissons, est obligée de remonter de temps à autre à la surface afin de respirer et de rejeter son souffle, qui s'échappe des évents en deux colonnes fumeuses. Divers autres animaux font comme la baleine : quoique habitant dans l'eau, sinon toujours, du moins un temps plus ou moins long, ils sont obligés de remonter par intervalles à la surface ou même de quitter l'eau et de venir à terre pour respirer. De ce nombre est la grenouille, qui, de la sorte, prend rang parmi les animaux terrestres plutôt que parmi les animaux aquatiques.

4. **Nageoires et vessie natatoire des poissons.** — Pour se mouvoir dans l'eau, les poissons ont des *nageoires*,

espèces de larges rames formées de rayons osseux qu'une membrane relie. Les unes sont paires ou symétriques, les autres sont impaires. Les nageoires symétriques sont les deux *pectorales* situées derrière les ouïes, et les deux *ventrales*, placées plus ou moins en arrière, à droite et à gauche de la ligne médiane du ventre. Ces deux paires de nageoires représentent les quatre membres des quadrupèdes. Les nageoires impaires sont la *dorsale* située sur le dos, l'*anale*, située vers la naissance de la queue, et la *caudale*, la plus importante et la plus forte de toutes. Cette dernière s'étale à l'extrémité de la queue.

Les nageoires symétriques paraissent destinées au main-

Fig. 27. — Le Hareng.

tien de l'équilibre; les autres servent à la propulsion, dans laquelle la caudale a la majeure part. L'arrière du corps s'effile en un cône allongé, que revêt une puissante couche de chair. Des chocs rapides, distribués de droite et de gauche par ce vigoureux appareil, font progresser le poisson comme progresse une barque manœuvrée à l'arrière par un seul aviron.

La *vessie natatoire* permet au poisson de descendre et de monter au sein de l'eau sans effort spécial. C'est un petit sac transparent, d'une grande finesse, divisé en deux par un étranglement et plein d'air. Elle se trouve dans le ventre, sous l'épine du dos. Au gré de l'animal, la vessie natatoire se comprime un peu ou se dilate. Quand elle se dilate, le poisson, sans augmenter de poids, devient plus volumineux et acquiert ainsi la tendance à monter; quand elle se comprime, le poisson, devenu un peu moindre en volume, tend au contraire à descendre. Pareil organe manque, comme totalement inutile, dans les espèces qui ne quittent jamais le fond ou s'enfouissent dans la vase.

5. **Natation.** — L'homme est mal organisé pour la natation. Comme la moitié antérieure du corps est plus lourde que l'autre, l'avant plonge et submerge la tête. Pour la maintenir à la surface, il faut une combinaison de manœuvres difficultueuses que l'habitude seule peut donner. C'est pour alléger l'avant trop lourd, que les nageurs novices s'aident d'une ceinture de liège ou d'autres flotteurs attachés sous les aisselles. En second lieu, la conformation des membres n'est pas ce que la natation réclame; les mains et les pieds ne sont pas des rames frappant l'eau par de larges surfaces. Aussi l'homme ne peut-il nager sans apprentissage, ce que font néanmoins fort bien, à leur premier essai, une foule d'animaux mieux équilibrés dans l'eau.

Certains animaux à mamelles éminemment organisés pour fréquenter l'eau, ou même pour y vivre, se font remarquer par la forme de leurs membres, aplatis en manière de rames et raccourcis afin de frapper l'eau avec plus de vigueur. En outre, pour fendre l'eau avec moins de résistance, le corps s'effile et rappelle plus ou moins celui des poissons. La baleine, à ne tenir compte que de sa forme, serait prise pour un monstrueux poisson. Les deux membres antérieurs sont conformés en larges et puissantes rames; les membres postérieurs manquent, mais la queue devient une énorme nageoire caudale étalée horizontalement. Le phoque, autre habitant de la mer, par sa tête expressive, rappelle un peu le chien, dont il possède en outre l'intelligence et le doux caractère. Il a les pieds antérieurs très courts, élargis en rames, éminemment aptes à la nage, mais propres au plus à ramper quand l'animal vient se reposer sur le rivage. Ceux de derrière restent engagés sous la peau et constituent, dans leur ensemble, une sorte de robuste aviron analogue à la queue des poissons.

Les oiseaux nageurs, tels que le canard, l'oie, le cygne, la sarcelle, ont les doigts des pieds reliés entre eux par une membrane ou *palmure*, en un mot ils ont les pieds *palmés*, ce qui les fait désigner par l'expression générale d'oiseaux *palmipèdes*. Ces pattes à large surface sont d'excellentes rames de natation. Si l'oiseau les rejette en arrière, elles s'ouvrent par l'effet seul de la résistance de l'eau, et, de leur éventail déployé, prennent appui sur le liquide pour pousser l'oiseau en avant. Si l'oiseau les ramène à lui, sous le ventre, elles se ferment toutes seules, encore par l'effet de la résistance du liquide agissant en sens con-

Fig. 28. — Le Phoque.

Fig. 29. — Patte d'oiseau nageur.

traire; elles replient leur membrane à la manière de l'étoffe d'un parapluie rassemblée en paquet par les baleines, et, de la sorte, leur retour en avant s'effectue sans choc et par conséquent sans recul.

Fig. 30. — Le Cygne.

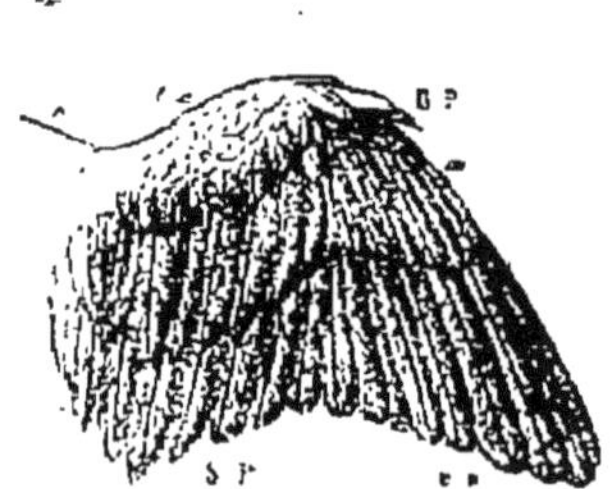

Fig. 31. — Aile emplumée d'oiseau.

6. **Animaux volants.** — Un grand nombre d'animaux sont aptes à se soutenir et à progresser dans les airs. Les plus remarquables sont les *oiseaux*, ayant tout le corps recouvert de plumes. Ils ont quatre membres; les postérieurs sont des *pattes* et servent à la marche; les antérieurs sont des *ailes* et servent au vol. En outre, de nombreuses

espèces animales, dépourvues de plumes et n'appartenant pas à la série des oiseaux, sont également aptes à voler. Signalons pour le moment les insectes, en particulier le hanneton et les divers papillons. Notons aussi la chauve-souris, que l'on voit voleter autour des habitations au dernières lueurs du soir.

7. **Ailes de l'oiseau.** — Sur les deux membres antérieurs, devenus des *ailes*, prennent appui les *pennes* ou fortes plumes du vol, solidement implantées dans les chairs par leur base creuse. Leur tige est garnie d'une double rangée de *barbes*, minces lamelles étroitement imbriquées. Elles sont de longueur diverse et se recouvrent en partie de manière à former une surface continue qui unit la résistance à la légèreté. Les plus longues et les plus importantes, au nombre habituel de dix, occupent l'extrémité de l'aile et se nomment *rémiges primaires*. Viennent après les *rémiges secondaires*, en nombre très variable. La base des unes et des autres est protégée et consolidée par une rangée de plumes dites *tectrices*. Enfin, la queue, dont l'oiseau se sert comme d'un gouvernail pour diriger son élan, s'étale en un éventail où se comptent d'habitude douze grosses plumes nommées *rectrices*.

Les ailes agissent dans l'air comme le font les rames dans l'eau. Quand elles s'élèvent, les pennes s'écartent et laissent passer l'air dans leurs intervalles sans éprouver de résistance; quand elles s'abaissent, les pennes se resserrent et forment une nappe continue, qui choque vivement l'air et y prend appui pour pousser l'oiseau en avant. Le nombre de ses battements est de treize par seconde pour le moineau, de neuf pour le canard sauvage, de huit pour le pigeon.

8. **Chauve-souris.** — La chauve-souris n'a rien de commun avec les oiseaux dont elle ne possède ni le bec ni les plumes; ce n'est pas davantage un rat, qui, sur la fin de la vie, aurait acquis des ailes. C'est une créature spéciale, qui naît, vit et meurt avec des ailes, sans appartenir en rien à la série des oiseaux. Son corps a le poil et quelque peu la forme de celui de la souris; ses ailes sont

nues, chauves. De ces deux caractères associés vient le nom de chauve-souris.

Les animaux les plus parfaits en organisation ont pour signe distinctif des mamelles qui fournissent le lait, première nourriture des petits. Ces animaux ne donnent pas la becquée à leur jeune famille, comme le font les oiseaux; ils n'abandonnent pas leur progéniture à toutes les chances de la bonne ou de la mauvaise fortune, comme le font les stupides races des reptiles et des poissons; ils l'élèvent avec des soins d'une incomparable tendresse, ils la nourrissent quelque temps du lait de leurs mamelles, ils l'allaitent. De toutes les espèces soumises dans le jeune âge à l'allaitement, la science forme un groupe nommé classe des *Mammifères*. Ajoutons que ces animaux ont, dans l'immense majorité des cas, le corps couvert de fourrure, de poils, et non de plumes et d'écailles. Les plumes appartiennent aux oiseaux, les écailles aux reptiles et aux poissons. Comme exemple de mammifères, nos animaux domestiques, bœuf, chien, chat, mouton, chèvre, cheval, nous viennent immédiatement à l'esprit.

Or, la chauve-souris est un mammifère aux mêmes titres que la chatte par exemple. Comme la chatte, elle a le corps défendu du froid par une fourrure, elle a des mamelles pour allaiter ses petits. Quand elle sort le soir pour chercher de quoi manger, au lieu d'abandonner son nourrisson, toujours unique, dans quelque trou de mur après l'avoir repu de lait, elle l'emporte avec elle, cramponné à la poitrine; et c'est appesantie par ce fardeau qu'elle poursuit au vol sa rapide petite proie, consistant en insectes, papillons du soir, phalènes. Sa recherche est moins fructueuse, plus pénible sans doute : n'importe, la mère affectionnée préfère ne pas quitter un seul instant la débile créature, qui tranquillement continue à teter pendant les évolutions de la chasse. L'obscurité venue, la chauve-souris gagne sa retraite, se suspend au plafond par un ongle et maintient son nourrisson en l'enveloppant de ses ailes fermées.

9. **Ailes de la Chauve-souris.** — Comment un mammi-

fère, c'est-à-dire un animal dont la structure générale est celle du chien et du chat, par exemple, peut-il posséder le vol de l'oiseau; par quelle étrange disposition deux organes qui s'excluent l'un l'autre, l'aile et la mamelle, se trouvent-ils ici réunis? Il y a dans l'aile de la chauve-souris un remarquable exemple des ressources de l'organisation qui, sans rien changer à un plan fondamental, sans rien ajouter, sans rien retrancher, dispose les mêmes choses pour des fonctions diverses. Les pattes de devant des mammifères, du chien et du chat en particulier, sont changées en ailes dans les chauves-souris, sans qu'il y ait une pièce de plus ou de moins en cette curieuse transformation. Mieux que cela: les bras de l'homme, nos propres bras, s'y retrouvent pièce par pièce, os par os. C'est au fond, de part et d'autre, même structure.

Fig. 32. — Squelette de Chauve-souris.

Dans les chauves-souris, quatre des cinq os composant notre paume de la main s'allongent outre mesure, ainsi que les doigts correspondants, et forment quatre rayons entre lesquels est tendue la membrane de l'aile comme est tendu le taffetas sur les baleines d'un parapluie. Cette membrane est un repli nu de la peau, qui part de l'épaule, s'étale entre les quatre longs doigts, et va rejoindre les pattes postérieures, dont les cinq doigts, tous armés d'ongles recourbés en crochets, ne s'écartent pas de la conformation ordinaire.

Pour déployer l'ample membrane de leurs ailes et se lancer dans les airs, les chauves-souris ont besoin d'un grand espace libre qu'elles ne peuvent obtenir qu'en se laissant tomber de haut. Aussi dans les cavernes qu'elles habitent, ne manquent-elles jamais de se ménager une chute facile. Avec les griffes crochues d'une patte postérieure, elles se cramponnent à la voûte, la tête en bas. C'est ainsi qu'elles se reposent, c'est ainsi qu'elles dorment.

A la moindre alerte, la patte lâche prise, les ailes s'étalent et l'animal s'envole.

10. **Poisson volant.** — Il existe un poisson de mer, nommé *Dactyloptère*, dont les nageoires pectorales, dis-

Fig. 33. — Chauves-souris au repos.

posées en larges éventails, peuvent servir au vol. Au moyen de ces organes, le poisson, s'il est poursuivi, peut s'élancer hors des eaux, voleter à leur surface et quelques instants se maintenir en l'air. C'est ainsi qu'il échappe

Fig. 34. — Dactyloptère.

habituellement à ses ennemis. Mais les besoins de la respiration, qui ne peut s'accomplir que dans l'eau, et la prompte dessiccation des membranes alaires, perdant leur souplesse et devenant arides, l'obligent à replonger bientôt.

11. **Ailes des insectes.** — Les ailes des insectes ne résultent pas de la transformation de certains membres; ce sont de simples replis de la peau. Les uns, mouches, cousins, n'ont qu'une paire d'ailes; les autres, plus nombreux, papillons, libellules, guêpes, abeilles, scarabées, hannetons, en ont deux paires. Tantôt les deux paires sont également aptes au vol et se composent, tant l'une que l'autre, d'une fine membrane, consolidée par des nervures; tantôt la paire inférieure prend seule part au vol, et la paire supérieure s'épaissit en un étui corné, qui enveloppe et protège la première. Ces ailes protectrices

Fig. 35. — La Libellule.

Fig. 36. — Le Hanneton.

se nomment *élytres*. Considérons en particulier le hanneton. Les ailes supérieures forment deux grandes écailles rougeâtres qui, en dessus, abritent le ventre. Ce sont là les *élytres*. En dessous se trouvent les véritables ailes, celles qui réellement servent au vol. Elles sont fines, membraneuses, et délicatement repliées en deux quand l'insecte n'en fait pas usage. Les élytres, de consistance dure, leur servent d'étui, de fourreau, pour qu'elles ne se déchirent pas.

Les ailes de l'insecte sont fort loin d'avoir la perfection de celles de la chauve-souris, et encore moins de l'oiseau : elles ne le soutiennent que par l'extrême rapidité de leurs évolutions. Le nombre de battements d'ailes est de 330 par seconde pour la mouche commune, de 290 pour l'abeille, de 140 pour la guêpe, de 28 seulement pour la libellule.

CHAPITRE V

ANIMAUX DIURNES ET ANIMAUX NOCTURNES

1. **Animaux diurnes.** — A la grande majorité des animaux, du plus gros au moindre, il faut le jour pour l'activité, il faut la nuit pour le repos. Leur vie active se passe à la lumière. C'est aux clartés du soleil qu'ils quittent leurs gîtes, qu'ils se procurent la nourriture, qu'ils chassent leur proie, qu'ils se livrent aux travaux de leurs industries spéciales. Aux uns il faut le plein soleil, soit sur le sol, soit dans les eaux, soit dans les airs; aux autres convient mieux le demi-jour du couvert des bois, des retraites parmi les rochers, des embuscades dans les touffes de gazon; mais à tous la lumière du soleil, forte ou faible, est indispensable. On les nomme animaux *diurnes*, c'est-à-dire actifs de jour. Tous nos animaux domestiques sont dans ce cas; le chat seul fait un peu exception.

2. **Paupières et pupille.** — C'est par l'intermédiaire des yeux que la lumière impressionne l'animal. Ces organes, d'une délicatesse tout exceptionnelle, sont protégés par les *paupières*, du moins chez tous les animaux d'organisation supérieure. Les paupières sont des rideaux qui garantissent l'œil des violences extérieures par leur occlusion instantanée. Elles sont douées d'un mouvement rapide nommé *clignement*, qui revient par intervalles rapprochés pour balayer la surface des yeux et la débarrasser des fines poussières que l'air peut y déposer. Pendant le sommeil, elles se ferment et empêchent l'accès importun de la lumière et de l'air; pendant la veille, elles s'entr'ouvrent plus ou moins suivant le degré de clarté, de manière à ne laisser pénétrer dans l'œil que la quantité nécessaire à la vision. Chacune d'elles est bordée d'une rangée de poils courts et raides nommé *cils*. Les cils ont

pour fonction de tamiser l'air qui vient au contact avec l'œil, et d'arrêter au passage les corpuscules de poussière ; ils servent aussi à adoucir l'éclat d'une lumière trop vive, qui pourrait fatiguer la vue.

Au centre de l'œil se trouve une ouverture se montrant sous l'aspect d'un gros point rond et noir. C'est par là que pénètre la lumière pour agir au fond de l'œil. On lui donne le nom de *pupille* et plus communément de *prunelle*. Cette ouverture a la propriété de s'agrandir ou de se rétrécir un peu, et d'elle-même, pour laisser entrer dans l'œil plus ou moins de lumière suivant le degré de l'éclairage. C'est à notre insu, et indépendamment de notre volonté, que la pupille augmente ou diminue son ouverture ; en outre ses changements de dimension se font avec lenteur.

Quand on passe sans transition de la clarté éblouissante du plein soleil dans un appartement très peu éclairé, d'abord on ne voit pas, parce que les pupilles, amoindries sous l'influence de la lumière très vive du dehors, n'admettent pas encore un nombre suffisant de rayons lumineux ; mais peu à peu la prunelle s'agrandit et l'obscurité se dissipe

Un fait inverse se passe quand nous passons brusquement de l'obscurité au soleil. A cause de l'ampleur des pupilles, dilatées dans l'obscurité, nous recevons trop de lumière, et nous sommes frappés, par éblouissement, d'une cécité momentanée. L'éblouissement se dissipe et la vision devient nette lorsque les pupilles se sont convenablement amoindries.

3. **L'œil de l'Aigle.** — L'aigle, le faucon, l'épervier, le milan sont des oiseaux de proie ; ils vivent de meurtre et de brigandage. Ils sont diurnes, c'est-à-dire qu'ils chassent de jour, jamais de nuit ; aussi les appelle-t-on les *rapaces diurnes*. La lumière la plus vive ne leur cause pas d'éblouissement. On dit même de l'aigle et des autres qu'ils peuvent regarder en face le soleil. Cette prérogative leur vient de la façon dont ils se garantissent la vue. Ils ont trois paupières : d'abord deux comme nous,

celle d'en haut et celle d'en bas; et, en outre, une troisième, à demi transparente, qui se retire en entier dans le coin de l'œil quand l'oiseau ne doit pas en faire usage, ou bien s'avance sous les deux autres ouvertes et fait office de rideau. La lumière est-elle trop vive, faut-il regarder

Fig. 37. — Tête de l'Aigle.

Fig. 38. — Tête du Faucon.

en face le soleil, l'oiseau étale son rideau oculaire qui, par sa transparence, permet aux rayons lumineux de pénétrer, mais affaiblis. Tel est le secret de l'assurance du regard de l'aigle au milieu des plus éblouissantes clartés.

Fig. 39. — L'Aigle.

4. **Mœurs des rapaces diurnes.** — Tous ces oiseaux sont armés d'un bec robuste, à mandibules crochues, propres à mettre une proie en lambeaux. Leurs *serres* sont composées de quatre doigts, dont trois dirigés en avant et un en arrière. Leurs ongles sont recourbés, longs et creusés en dessous d'une gouttière à bords tranchants pour mieux s'enfoncer dans les chairs. Leur pose est fière, leur regard dur, leur vol d'une merveilleuse puissance. Ils aiment à tournoyer, à planer presque sans mouvements d'ailes, dans les hautes régions de l'air où notre regard ne peut les suivre. Eux cependant, de cette élévation immense, distinguent ce qui s'agite à la surface du sol. Ils explorent chaque ferme du regard, ils inspectent la basse-cour. Qu'une proie apparaisse

et à l'instant l'oiseau de rapine s'abat d'une aile sifflante, plus rapide qu'un plomb qui tombe. Le rapt de la poularde est fait sous les yeux mêmes du fermier avant que celui-ci soit revenu de sa surprise, tant l'arrivée du ravisseur est soudaine, et sa retraite prompte.

Le principal de ces bandits est l'aigle, heureusement toujours fort rare. C'est un grand oiseau brun, qui mesure un mètre et plus de l'extrémité du bec à l'extrémité de la queue. Ses ailes étendues embrassent une longueur de près de trois mètres. Son œil farouche, abrité d'un sourcil très proéminent, brille d'un feu sombre. Le nid de l'aigle se nomme *aire*. Il est plat et non pas creux comme celui des autres oiseaux. C'est une espèce de solide plancher formé d'un entrelacement de petites perches et recouvert d'un lit de joncs et de bruyères. Il est habituellement placé sur des escarpements inaccessibles, entre deux roches dont la supérieure surplombe et forme couverture. Les œufs, au nombre de deux, plus rarement de trois, sont d'un blanc sale et mouchetés de roux.

Les jeunes aiglons sont d'une telle voracité, qu'à l'époque de leur éducation, l'aire devient un véritable charnier, toujours encombré de lambeaux saignants. Quelque plate-forme de rocher peu éloignée sert aux parents de boucherie, d'atelier de dépècement. Là sont mis en pièces, pour les jeunes, lièvres et lapins, perdrix et canards, agneaux et chevreaux, ravis dans la plaine et transportés au vol sur les hautes cimes, demeure favorite de l'aigle.

5. **Animaux nocturnes.** — On appelle ainsi les animaux qui sont actifs de nuit. Les plus remarquables dans nos régions sont les oiseaux de proie nocturnes et les chauves-souris.

Le hibou, le duc, la chouette et autres espèces pareilles, sont connus sous le nom d'*oiseaux de proie nocturnes* ou de *rapaces nocturnes*. On les dit oiseaux de proie, parce qu'ils vivent du produit de leurs chasses, consistant surtout en rats, souris, mulots et campagnols. Ils sont parmi les oiseaux ce que le chat est parmi les mammifères : des acharnés destructeurs de ce petit gibier à poil dont la souris est pour nous l'exemple le plus familier. Le langage a depuis longtemps consacré cette analogie de mœurs par l'expression de *Chat-huant* appliquée à quelques-uns d'entre eux. Ce sont des chats pour la manière de vivre, des chats qui volent, des chats qui *huent*, c'est-à-dire jettent des cris pareils à de plaintifs hurlements. Ils sont nocturnes ; en d'autres termes, ils se tiennent blottis le jour dans quelque obscure cachette, d'où ils ne sortent que le soir, pour chasser au crépuscule et aux clartés de la lune.

6. **Yeux des rapaces nocturnes.** — Leurs yeux sont très grands, ronds, et se présentent tous deux de face au lieu d'être placés sur l'un et sur l'autre côté de la tête.

Fig. 40. — Le Campagnol.

Une large couronne de fines plumes les entoure. La nécessité de ces yeux énormes est motivée par leurs habitudes nocturnes. Ayant à trouver la nourriture au milieu d'une très faible clarté, ils doivent, pour y voir distinctement, recevoir le plus de lumière qu'il soit possible, ce qui exige des yeux largement ouverts.

Mais cette ampleur des organes de la vue, si favorable de nuit, leur est un grave embarras au milieu des vives clartés du jour. Ébloui, aveuglé, par les rayons du soleil, l'oiseau des ténèbres se tient dans quelque cachette, d'où il n'ose plus sortir. S'il est contraint de la quitter, il le fait avec une extrême circonspection. Son vol hésite, son essor est court et lent. Les autres oiseaux, ceux du plein jour, viennent à l'envi l'insulter. Le rouge-gorge et la mésange accourent les premiers, suivis du pinson, des merles, des geais et de bien d'autres. Perché sur quelque branche, l'oiseau de nuit répond aux agresseurs par un grotesque balancement de corps; il tourne de çà et de là sa grosse tête d'un air ridicule, il roule ses yeux effarés. Vaines menaces. Les plus petits, les plus faibles sont les plus ardents à le tourmenter; on l assaille à coups de bec, on le plume sans qu'il ose se défendre.

A cause de l'ampleur de leurs yeux, il faut aux oiseaux de proie nocturnes une lumière douce, comme celle de l'aurore et du crépuscule. Ils quittent donc leurs retraites, pour chasser la proie, au commencement ou à la fin de la nuit. Ils font alors chasse fructueuse, car ils trouvent les petits animaux endormis ou sur le point de s'endormir. Les nuits où la lune brille sont pour eux les plus propices, nuits d'abondance pendant lesquelles ils chassent longtemps et s'approvisionnent de riches victuailles. Mais si la lune fait défaut, ils n'ont guère qu'une heure le matin et une heure le soir pour chasser leur nourriture.

Fig. 41. — Le Mulot.

7. **Aucun animal ne voit dans l'obscurité complète.** — Des chasses de si peu de durée les exposent à de longs jeûnes, car ce serait une grave erreur que de se figurer que le hibou, la chouette et autres animaux nocturnes soient capables de voir clair dans la nuit la plus noire. Voir, ce n'est pas précisément diriger nos regards vers les objets vus; c'est recevoir dans nos yeux la lumière envoyée par ces objets. Dans la vision, rien ne s'échappe de nous; tout vient de la chose vue. En prenant les mots dans leur acception naturelle, nous ne lançons pas nos regards

vers l'objet considéré ; c'est l'objet lui-même qui lance vers nous sa lumière. Tout corps pour être visible doit envoyer de la lumière ; s'il n'en envoie pas, il est, par cela même, invisible, quel que soit le perfectionnement de l'œil. Ce que nous disons là de l'homme, s'applique mot pour mot à tous les animaux. Aucun, absolument aucun, ne voit en l'absence totale de la lumière.

8. **Une erreur à dissiper.** — Beaucoup croient que le chat est capable de voir dans l'obscurité la plus complète ; c'est là une erreur. Pas plus le chat qu'un autre animal n'est apte à distinguer les objets si la lumière manque totalement. Il a sur nous, il est vrai, un avantage : ses grands yeux, dont il peut rétrécir et fermer presque la prunelle quand il se trouve exposé à une vive lumière qui l'offusquerait par son abondance, ou l'agrandir pour recevoir en plus grande quantité les faibles clartés répandues dans un endroit obscur ; ses grands yeux, disons-nous, lui permettent de se guider en des lieux où, pour notre vue moins bien avantagée, ne règnent que des ténèbres impénétrables. Mais ce sont, en réalité, d'incomplètes ténèbres, où le chat trouve le peu de lumière qui lui suffit. Si la lumière fait totalement défaut, le chat en vain ouvre de grands yeux ; il n'y voit plus, ce qui s'appelle plus. Sous ce rapport, les oiseaux de proie nocturnes ne diffèrent pas du chat. Leur grands yeux, faits pour voir dans une clarté douce, cessent de voir quand la nuit est bien close.

9. **Les yeux du chat.** — Revenons encore au chat pour assister aux mouvements de sa prunelle, s'agrandissant ou se rétrécissant. Observons-le au soleil. Nous verrons la prunelle de ses yeux réduite à une étroite fente et semblable à une ligne noire. Pour ne pas être ébloui par la trop grande clarté, l'animal a fermé le passage aux rayons de lumière ; il a clos la pupille, tout en laissant les paupières largement écartées. Portons le chat à l'ombre : la fente des yeux s'élargira et deviendra un ovale. Mettons-le dans une demi-obscurité : l'ouverture ovale se dilatera jusqu'à devenir un rond, et ce rond s'agrandira de plus en plus à mesure que la clarté sera plus faible.

Grâce à ses prunelles, qui s'ouvrent énormes et peuvent ainsi recueillir encore un peu de lumière là où pour les autres règne une profonde obscurité, le chat se guide dans les ténèbres et chasse de nuit encore mieux qu'en plein jour, invisible qu'il est aux souris, tandis qu'il les voit suffisamment lui-même. Néanmoins, si la lumière faisait tout à fait défaut, si l'obscurité était absolue, le chat n'y verrait plus du tout.

10. **Mœurs des rapaces nocturnes.** — Suivons le hibou dans son expédition nocturne. Le moment est propice, l'air est calme, la lune brille; la chasse commence, débutant par un lugubre cri de guerre. L'oiseau évite le bocage; il rase la plaine nue, les guérets, la prairie; il inspecte les sillons où se tapit le mulot, les pelouses herbues où le campagnol se terre, les masures où trottinent les souris et les rats. Son vol est silencieux, son aile muette fend l'air sans le moindre bruit pour ne pas donner l'éveil aux victimes. Cet essor muet, il le doit à la structure de ses plumes, soyeuses et finement divisées. Rien ne trahit sa subite venue; la proie est saisie avant même de s'être doutée de la présence de l'ennemi. Une ouïe d'une rare subtilité l'avertit, lui, au contraire, de tout ce qui se passe à la ronde; ses larges et profondes oreilles perçoivent le simple frôlement d'un campagnol sous l'herbe.

Fig. 42. — Tête et serres d'un oiseau de proie nocturne.

La proie est saisie avec deux robustes serres, chaudement gantées de duvet jusqu'à la racine des ongles. Quatre doigts les composent, trois d'habitude dirigés en avant et un en arrière; mais, par un privilège propre aux oiseaux de proie nocturnes, l'un des doigts antérieurs est mobile et peut se porter en arrière, de façon que la serre se partage en deux couples d'égale puissance lorsque l'oiseau veut saisir, comme dans un étau, la branche sur laquelle il perche ou la victime qui se débat.

Un coup de bec brise la tête de l'animal capturé. Ce bec est court, très crochu. Les deux mandibules jouissent d'une grande mobilité qui leur permet, en frappant l'une contre l'autre, de faire entendre un claquement rapide, un cliquetis par lequel l'oiseau exprime sa colère ou sa frayeur. Elles se distendent au moment d'avaler, elles s'ouvrent en un large orifice, suivi d'un gosier d'une excessive ampleur. La proie, d'abord pétrie entre les griffes, y disparaît en entier, os et bourre. Il ne reste rien du rat et du mulot, pas même le poil.

La digestion faite, il reste une masse informe, composée des peaux retournées et garnies de tous leurs poils, des os aussi nets que s'ils avaient été raclés au couteau, des carapaces de scarabées vidées de leur contenu. Cette masse encombrante ne s'engagerait pas sans inconvénient dans les voies digestives. L'oiseau s'en débarrasse l'estomac. Des haut-le-corps grotesques dénotent le travail de délivrance ; quelque chose remonte le long du cou tendu, le bec s'ouvre et c'est fait : une pelote roule à terre comprenant les peaux, les os, les élytres, les poils, les plumes, enfin toutes les matières sur lesquelles la digestion n'a pas eu de prise. Tous les oiseaux de proie nocturnes ont cette abjecte manière de se libérer l'estomac : ils vomissent en boulettes le résidu de leur proie avalée entière.

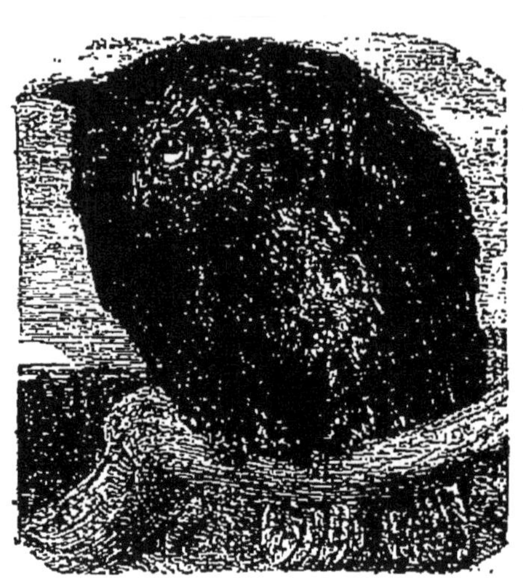

Fig. 43. — Le Grand-Duc.

Les oiseaux de proie nocturnes comprennent deux catégories : les uns ont la tête ornée de deux aigrettes de plumes, ce sont les *Hiboux* : les autres ont la tête dépourvue de cet ornement, ce sont les *Chouettes*.

Le plus fort des hiboux est le *Grand-Duc*, de la taille à peu près de l'oie et du dindon. Ce qui lui surmonte le front avec apparence d'oreilles, consiste en deux aigrettes de plumes, en deux panaches, simple objet d'ornement. Les véritables oreilles ne se voient pas, ainsi qu'il est de règle chez tous les oiseaux ; elles sont cachées sous le plumage. Le grand-duc les a très larges et profondes, ce qui lui rend l'ouïe d'une grande finesse.

Le *Scops* ou *Petit-Duc* est à peu près de la grosseur d'un merle. C'est le plus petit et le plus gracieux de nos oiseaux de proie nocturnes.

11. **L'Effraie.** — Dans la série des chouettes prend rang l'*Effraie* ou *Chouette des clochers*, oiseau de tournure disgracieuse, à peu près de la grosseur du corbeau. Son plumage ne manque pas d'élégance. Il est roux en-dessus, ondé de gris et de brun, piqueté de points blancs compris entre deux points sombres. Les yeux sont enfoncés et en-

Fig. 44. — Le Scops ou Petit-Duc.

Fig. 45. — L'Effraie.

tourés d'un cercle régulier de plumes blanches et fines presque semblables à des poils, une collerette rousse sur les bords encadre la face. Les serres ne sont gantées que d'un duvet blanc, très court, à travers lequel s'aperçoit la chair rose. L'oiseau n'a rien de la fière attitude du grand-duc et du scops ; son port est gauche, embarrassé, presque honteux. Le dos voûté, les ailes pendantes, la face renfrognée, le regard triste, les jambes longues et mal cambrées, telle est l'effraie au repos. Comme pour achever sa disgracieuse pose, l'oiseau, lorsque quelque chose l'inquiète, balance ridiculement le corps de droite et de gauche, les yeux hagards, les ailes un peu soulevées.

Son cri habituel, au milieu du silence de la nuit, est un souffle lugubre, semblable au râle d'un homme qui dormirait la bouche ouverte. A ces cris effrayants, associons l'obscurité de la nuit, le voisinage des églises et des cimetières, et nous comprendrons comment la chouette des clochers,

Fig. 46. — Oreillards.

Fig. 47. — Tête de l'Oreillard.

oiseau inoffensif, ardent destructeur de rats, est parvenu à inspirer l'effroi aux enfants, aux femmes et même aux hommes trop crédules ; nous nous expliquerons pourquoi elle est réputée l'oiseau funèbre, l'oiseau de la mort, qui fait entendre sa voix pour appeler au cimetière l'un des habitants de la maison dont elle visite le toit. Le nom d'effraie fait allusion à ces superstitieuses terreurs : il désigne l'oiseau qui effraie de son chant nocturne les gens assez sots pour croire aux revenants.

12. **L'Oreillard.** —Les chauves-souris sont également des animaux nocturnes ; elles quittent leurs retraites seulement aux approches de la nuit pour se mettre en chasse aux clartés crépusculaires du soir. En général, les animaux qui se livrent à des chasses nocturnes ont des yeux très gros, qui recueillent le plus possible de lumière et permettent ainsi la vision avec une faible clarté. Les oiseaux de nuit, chouettes et hiboux, viennent de nous en donner un exemple remarquable. Or, à part une exception singulière, les chauves-souris, malgré leurs habitudes nocturnes, ont les

yeux très petits. Comment alors se dirigent-elles dans leur vol si brusque, si variable de direction ; comment surtout sont-elles averties de la présence de leur menu gibier, teignes et moucherons?

Elles sont avant tout guidées par l'odorat et l'ouïe, qui sont chez elles d'une finesse hors ligne. Que vous semble des oreilles de la chauve-souris ici figurée (fig 47)? Quel animal pourrait, toute proportion gardée, en offrir de semblables! Comme elles s'épanouissent en cornets énormes, aptes à recueillir le moindre bruit. La chauve-souris qui en est douée porte le nom expressif d'*Oreillard*. Des oreilles si prodigieuses certainement sont faites pour percevoir des sons qui nous échappent par leur excessive faiblesse. Elles permettent peut-être à l'oreillard d'entendre à distance le simple trémoussement d'ailes d'un moucheron qui danse en l'air.

Fig 48 — Le Fer-à-cheval.

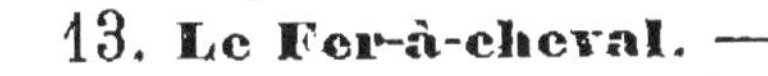

13. **Le Fer-à-cheval.** — D'autres chauves-souris, moins bien partagées sous le rapport de l'ouïe, possèdent en compensation un odorat exceptionnel. La haute perfection de ce sens est la conséquence du développement du nez, qui recouvre une bonne partie de la face et donne à l'animal la plus bizarre tournure. Comme exemple voici la tête d'une chauve-souris qui, dans nos pays, habite les grottes profondes, les vieilles carrières et se nomme *Fer-à-cheval*. Ce large empâtement de forme étrange, qui envahit presque tout l'espace compris entre les deux yeux et la bouche, c'est le nez. Il se termine en haut par une large feuille triangulaire, latéralement il s'étale en feuillets plissés, dont l'ensemble courbé rappelle la forme d'un fer à cheval, et c'est de là que vient le nom de la bête. Quelle odeur, si subtile qu'elle soit, pourrait échapper à un tel

nez? Le chien, dont le flair est si renommé, chasse le lièvre sans le voir, guidé seulement par les émanations que laisse sur son trajet l'animal échauffé par la course. D'une façon semblable, sans doute, le fer-à-cheval chasse un moucheron, sans odeur aucune pour tout autre nez que le sien.

Remarquons encore chez ce chasseur nocturne, la face bouffie, les joues gonflées. Pour la chauve-souris, la chasse est de courte durée : elle ne comprend qu'une heure ou deux, enfin le peu de temps écoulé entre le coucher du soleil et l'obscurité de la nuit. Le reste des vingt-quatre heures se passe au repos, dans la tranquillité de quelque grotte. L'animal ne fera-t-il qu'un repas dans ce laps de temps? Et puis manque-t-il de soirées où la chasse est impraticable? Le ciel est trop obscur, il fait du vent, il pleut, les insectes se cachent. La chauve-souris serait ainsi exposée à de longs jeûnes s'il lui était impossible de faire des provisions. Ces provisions, il faut les amasser à la hâte, au vol, sans discontinuer un moment la chasse de si courte durée.

A cet effet, des sacoches sont indispensables, des sacoches profondes, où le chasseur entasse son gibier à mesure qu'il le saisit. Ses joues précisément font cet office ; elles peuvent se distendre au gré de la bête, se gonfler, se bouffir en pochettes, où s'empilent les insectes tués d'un coup de dent. A ces sacoches de réserve on donne le nom d'*abajoues*. Les singes gloutons en possèdent. C'est là que la guenon friande met le morceau de sucre qu'on lui donne, et le laisse délicieusement fondre pour le savourer à l'aise.

Eh bien, la chauve-souris en chasse commence par satisfaire son appétit ; puis, surtout si le temps menace de n'être plus les jours suivants propice, elle redouble d'ardeur, amassant papillon sur papillon, insecte sur insecte, au fond de ses poches élastiques. Elle rentre au logis, les abajoues toutes rebondies. Maintenant, sans crainte de famine, elle peut attendre plusieurs jours s'il le faut. Appendue immobile par une patte de derrière, elle se nourrit de ses réserves alimentaires ; à ses heures d'appétit, elle grignote un à un les insectes savoureusement amollis dans le réservoir des abajoues.

CHAPITRE VI

ANIMAUX LES PLUS CONNUS DES RÉGIONS ARCTIQUES

1. **Climat des régions arctiques.** — Dans toutes les régions voisines du pôle, la mauvaise saison, avec ses neiges et ses glaces, dure les deux tiers de l'année, et le froid y est d'une excessive violence. Les navigateurs qui ont passé l'hiver sous ces âpres climats nous disent que le vin, la bière et autres liqueurs fermentées se prennent dans les tonneaux en blocs de glace ; qu'un verre d'eau lancé en l'air retombe en flocons de neige; que le souffle des poumons se cristallise, à l'issue des narines, en aiguilles de givre ; que la barbe collée aux vêtements par un vernis de glace, ne peut se détacher qu'avec des ciseaux. Pendant des mois entiers le soleil ne se montre plus alors sur l'horizon ; il n'y a plus de différence entre le jour et la nuit, ou plutôt il règne une nuit permanente, la même à midi qu'à minuit. Cependant, quand le temps est serein, l'obscurité n'est pas complète : la clarté de la lune et des étoiles, augmentée par la blancheur des neiges, produit une sorte de crépuscule blafard, suffisant pour la vision.

Chétif de taille, trapu, l'habitant de ces rudes climats partage son temps entre la chasse et la pêche. La première lui fournit des pelleteries pour ses vêtements, la seconde lui fournit sa nourriture. Des poissons desséchés, tenus en réserve à demi corrompus, de l'huile infecte de baleine, mets rebutants pour nous, sont le régal habituel de ses entrailles faméliques. Il demande encore à la pêche le combustible de sa lampe, alimentée avec de la graisse de veau marin, et des matériaux pour son traîneau, construit avec de gros ossements de poisson.

Là, en effet, le bois est inconnu; aucun arbre, si robuste qu'il soit, ne peut résister aux rigueurs de l'hiver. Un saule, un bouleau, réduits à l'état de maigres buissons traînant à terre, s'aventurent seuls jusqu'aux extrémités septentrionales de la Laponie, où cesse la culture de l'orge, la plus agreste des plantes cultivées. Plus près du pôle, toute végétation ligneuse cesse; et pendant l'été, on ne trouve plus que de rares touffes d'herbes et de mousses, mûrissant à la hâte leurs semences dans le creux abrité des rochers. Plus haut encore, la fusion complète de la neige et de la glace ne peut avoir lieu; la terre n'est jamais à découvert, et toute végétation est absolument impossible.

2. **Le Renne.** — Tout animal domestique à nourriture végétale est donc impossible dans les régions arctiques. Où trouver fourrage abondant pour le bœuf, le cheval ou même l'âne, lorsque le sol est caché sous une épaisse couche de neige la majeure partie de l'année, et lorsque, pendant les trois à quatre mois de belle saison, toute la verdure consiste en maigres pelouses où le mouton aurait à peine de quoi brouter ? D'ailleurs ces animaux succomberaient à la rudesse de l'hiver.

Une seule espèce peut vivre en ces régions désolées; c'est le *Renne*, de la taille à peu près du cerf, mais de forme plus robuste et plus trapue. Ses bois ou cornes sont divisés en deux branches, l'une plus courte dirigée en avant, l'autre plus longue dirigée en arrière, et toutes les deux terminées par des palmures élargies et dentelées. S'il fallait au renne l'herbage de nos animaux domestiques, au premier hiver il périrait de famine; mais il se contente d'une nourriture dont aucun de nos bestiaux ne voudrait. C'est un lichen de couleur blanche et divisé en une multitude de rameaux serrés, qui lui donnent l'apparence d'un petit buisson de quelques pouces de hauteur. Il vient à terre, qu'il tapisse à lui seul sur des étendues immenses. Pendant l'hiver, les rennes grattent la neige avec leurs sabots de devant, et mettent à découvert, pour s'en nourrir, la grossière plante, ramollie par l'humidité. C'est ainsi que d'interminables champs de neige, tristes domaines de la famine, sont néanmoins pour ces animaux des pâturages suffisants.

Ce lichen, dernière ressource végétale de l'extrême nord, se nomme *Lichen des Rennes.* On le trouve partout, sur les terrains les plus arides, depuis les pôles jusqu'à l'équateur. Parmi les broussailles de nos plus mauvaises collines, nous le rencontrons en abondance, frais et souple l'hiver, tout sec et craquant sous les pieds en été. Cependant le renne ne peut habiter nos pays, bien qu'il y ait le lichen dont il se nourrit. Le climat est trop chaud pour lui. A peine supporterait-il la douceur de nos hivers. Il lui faut les neiges et l'âpre température des régions arctiques, hors desquelles il dépérit rapidement.

Fig. 49. — Le Renne.

En Laponie, le renne est un animal domestique. Il y remplace notre bétail et tient lieu à la fois de la vache, de la brebis, du cheval. Le Lapon se nourrit de son laitage et de sa chair ; il s'habille de sa chaude fourrure ; il se fait un cuir très souple de sa peau. Quand la terre est couverte de neige, il l'attelle à son traîneau, et parcourt en un jour jusqu'à trente lieues, emporté par le rapide équipage, dont les sabots, largement étalés, glissent sur la nappe neigeuse sans s'y enfoncer.

3. **Le Chien des Esquimaux.** — Le renne n'est pas rare au Groënland, mais il y vit à l'état sauvage, car l'Esquimau, bien moins civilisé que le Lapon, n'a pas su encore le gagner par des soins et le réduire en domesticité. Il erre librement et n'est qu'un gibier sur lequel le Groënlandais compte pour varier un peu sa nourriture de poissons. Comme animal domestique, que reste-t-il donc à l'Esquimau, puisque la seule espèce capable de vivre en

ce pays de neiges, puisque le renne est un animal farouche, dont le chasseur n'approche qu'avec ruse et prudence.

Il lui reste le *Chien*, le fidèle associé qui, grâce à son genre de nourriture, peut accompagner l'homme partout, jusque dans ses expéditions les plus aventureuses vers l'un ou l'autre pôle. Là où le renne cesserait d'avancer, le lichen manquant ou se trouvant couvert d'une couche trop épaisse de neige, lui avance toujours, car pour entretien il n'a besoin que d'un os de poisson, et la mer voisine fournit abondante pêche. L'Esquimau a pour tout le chien.

Avec l'aide du chien, il chasse le renne sauvage, dont la chair lui fournit des vivres, et la peau l'ameublement de sa hutte; sur les glaces, il attaque l'ours blanc, dont la fourrure deviendra chaude casaque d'hiver ; il se rend maître du veau marin, qui fournit ses intestins pour des cordages, et sa graisse huileuse pour l'entretien continuel de la lampe, chargée de réchauffer la hutte et de fondre de la neige, d'où proviendra l'eau destinée à la boisson. Enfin le chien est pour lui, non seulement un compagnon de chasse, mais encore une vaillante bête de trait, qui le transporte rapidement où bon lui semble.

Le *Chien des Esquimaux* est à peu près de la taille de nos chiens de berger, mais de formes plus robustes. Il a les oreilles droites, la queue roulée en cercle, les poils laineux et très serrés comme il convient pour résister au froid atroce du pays qu'il habite. Aucune espèce domestique ne mène vie plus dure que la sienne. De loin en loin, pour toute nourriture, un os ou quelque grosse arête de poisson; jamais d'abri, si ce n'est le trou qu'il se creuse lui-même dans la neige ; des coups bien plus souvent que des caresses ; après les fatigues de la chasse, les fatigues plus rudes encore du traîneau ; telle est sa pénible existence.

De mauvais traitements, une faim continuelle, ne sont pas faits pour adoucir le caractère. Aussi les chiens des Esquimaux sont-ils querelleurs entre eux, hargneux envers les hommes, prêts toujours à montrer les dents, prêts surtout à se jeter voracement sur les victuailles. Il n'est pas au monde de pillards plus audacieux ; nulle correction ne saurait les empêcher, tant la faim les dévore, de happer le morceau laissé par mégarde à leur portée. Les femmes, qui les traitent avec plus de douceur, leur donnent à manger et les soignent quand ils sont petits, s'en font aisément obéir. Presque toujours, même quand ces pauvres animaux souffrent le plus cruellement de la faim, elles réussissent à les rassembler pour les atteler au traîneau.

4. Le traîneau attelé de chiens. — Le *traîneau*, comme son nom l'indique, est une espèce de léger chariot sans roues, destiné à être *traîné* soit sur la glace, soit sur la neige, où le glissement est facile. Celui des Esquimaux est d'une construction grossière. Représentons-nous deux pièces de bois relevées en arc à chaque bout et disposées à côté l'une de l'autre à une certaine distance. Ce sont là les maîtresses pièces, celles qui doivent supporter tout le reste et glisser elles-mêmes sur la neige. Entre les deux est établie une charpente de légères barres transversales, et sur cette charpente s'élève une sorte de niche doublée de fourrures où s'accroupit le voyageur. Voilà le traîneau.

Fig. 50. — Traîneau des Esquimaux.

Les deux pièces principales, sorte de grands patins glissant sur la neige durcie, sont, disons-nous, en bois; mais hâtons-nous d'ajouter que, d'habitude, elles sont formées d'autres matériaux, car le bois est chose rare en ce pays, où la végétation se réduit à de maigres herbages. Tout le bois dont on dispose est apporté par la mer, des pays lointains, par les courants et les fortes tempêtes. L'Esquimau n'a donc pas toujours à son service les deux soliveaux nécessaires. Il les remplace par deux ossements de baleine, choisis courbes et assez forts.

Le traîneau connu, parlons de l'attelage. Le harnais des

chiens se compose de deux bandes de cuir de renne, l'une entourant le cou, l'autre la poitrine, et reliées entre elles par une troisième bande qui passe entre les pattes de devant. A ce harnais, vers les épaules, se rattachent deux longues courroies fixées au traîneau par l'autre extrémité.

Les chiens attelés sont au nombre de douze à quinze. En tête marche seul le plus intelligent de la bande, et le mieux doué pour l'odorat; les autres suivent, plusieurs de front, et d'autant plus rapprochés du traîneau qu'ils sont plus novices dans le métier. Assis dans la niche de son véhicule, jambe de ci, jambe de là, les pieds effleurant presque la neige, l'Esquimau conduit son équipage avec un fouet d'une longueur énorme, car ce fouet doit pouvoir atteindre jusqu'au premier rang, distant du traîneau de 7 à 8 mètres. Mais autant que possible, il s'abstient d'en faire usage, car un coup de fouet donné est plus souvent une cause de désordre qu'un motif pour aller plus vite. Le chien frappé, ignorant d'où vient le coup, s'en prend à son voisin et le mord; celui-ci rend la pareille à un autre, qui s'empresse de houspiller le suivant; en un instant, de proche en proche, la mêlée devient générale. C'est alors grand travail que de rétablir la concorde et de remettre en état les traits rompus ou enlacés.

Le fouet n'intervient donc que de loin en loin, pour corriger un chien trop indocile; et c'est principalement de la voix que le conducteur guide son attelage. Le chien chef de file est surtout attentif à la parole du maître; il se dirige à droite, à gauche, en avant, il accélère la marche ou la ralentit, et les autres se règlent sur son pas. Chaque fois qu'un ordre lui est donné, il tourne, sans s'arrêter, la tête sur l'épaule, et regarde le maître, comme pour lui dire : c'est compris. Si la route a été déjà parcourue, le conducteur n'a qu'à le laisser faire; le chef de file suit les traces, alors même qu'elles seraient invisibles pour l'homme. Dans une profonde obscurité, au milieu de violentes rafales de neige, il continue, servi par son flair et son étonnante sagacité, à guider le reste de l'attelage sans presque jamais s'égarer.

5. **Veau marin.** — Il a été déjà parlé de la baleine et du phoque, l'un et l'autre mammifères marins. Ils fréquentent surtout les mers glaciales et sont d'une grande ressource pour les habitants des terres arctiques, en particulier pour les Esquimaux, qui en boivent avec délices l'huile infecte conservée dans des vessies, se font des vêtements d'hiver avec des peaux de phoque dont les poils sont tournés en dedans, et taillent leurs vêtements d'été, semblables à des étoffes vernissées, dans les intestins de la baleine. Avec leur pirogue insubmersible, nommée *kajak*, composée d'une légère charpente et d'une enveloppe de peaux bien tendues, l'Esquimau est d'une éton-

Fig. 51. — Le Phoque.

nante audace pour harponner la baleine, avec des dards en os surmontés de grandes vessies gonflées, dont la résistance dans l'eau use les forces de l'animal attaqué. Avec une arme semblable, ils attaquent le phoque, désigné communément sous le nom de *Veau marin*. La chasse est surtout fructueuse en hiver. Les veaux marins, dont l'organisation ne se prête pas à la respiration aquatique, ont besoin de venir de temps en temps à l'air pour respirer. Lorsque la mer est gelée, ils pratiquent donc çà et là dans la glace et laissent ouverts des trous où, par intervalles, ils viennent sortir la tête. Quand l'Esquimau a découvert un de ces soupiraux respiratoires, il attend patiemment l'apparition du veau marin pour le percer de son harpon.

Le Morse. — Le *Morse*, autre mammifère marin, est beaucoup plus grand que le phoque et atteint six à sept mètres de longueur. Il est armé de deux énormes dents pointues qui lui sortent de la gueule en manière de double pioche, et lui servent à fouiller les herbages au fond de la mer pour en extraire sa nourriture. S'il est attaqué, malheur à l'embarcation qu'il harponne de ses défenses.

Fig. 52. — La pêche du morse.

6. **L'Ours blanc.** — Sur les glaces flottantes des mers polaires vit l'*Ours blanc*, le plus gros des mammifères terrestres des régions arctiques. Sa longueur atteint jusqu'à deux mètres. Il a le pelage très fourni, entièrement blanc ou d'un blanc jaunâtre. Sa nourriture consiste en phoques et en poissons. Singulier d'aspect à cause de sa forme

Fig. 53. — L'Ours blanc.

allongée et de ses hautes jambes, il est rendu plus étrange encore par le continuel balancement de la tête et l'avant du corps. La féroce bête manque de courage, mais elle est d'une rare vigueur, aussi est-elle redoutable surtout pour les légères embarcations qu'elle peut faire sombrer sous sa griffe. Sa chair est mangeable et sa peau fournit une excellente fourrure.

Citons encore comme animaux des régions arctiques fournissant des fourrures et des pelleteries, le *Renard bleu*, la *Martre*, le *Zibeline* et l'*Hermine*.

7. **Les Vogelberg.** — Dans la belle saison, au moment de la ponte, les terres arctiques sont fréquentées par une multitude innombrable d'oiseaux de mer. Écoutons un témoin oculaire, Charles Martins, nous racontant ce qui se passe au Spitzberg.

En été, dit-il, le nombre des oiseaux qui hantent le Spitzberg est incalculable, mais la liste des espèces est fort courte : elle ne s'élève pas au-dessus de vingt-deux, dont deux seulement sont des oiseaux terrestres; les autres sont des oiseaux marins ou aquatiques.

Si le nombre des espèces est restreint, celui des individus est tellement considérable, que leur présence anime les côtes silencieuses et désolées du Spitzberg. Au premier abord, on a de la peine à se rendre compte de ce prodigieux concours. La terre est couverte de neige, la végétation très pauvre, les insectes au nombre de quinze espèces seulement. Un petit nombre de marais tourbeux, entre les montagnes et la mer, ne nourrissent ni vers, ni poissons; mais la mer fourmille de petits animaux. Un grand nombre d'oiseaux marins, qui l'hiver habitent nos côtes, vont donc pondre au Spitzberg, où ils sont sûrs de trouver une nourriture abondante et la paix. La plupart se réfugient sur les rochers qui surplombent directement la mer, et leur nombre est tel, que ces rochers sont connus sous le nom de *vogelberg*, c'est-à-dire *montagnes d'oiseaux*.

Fig. 54. — Pêcheurs attaqués par des Ours blancs.

Les escarpements de ces rochers, formés d'assises en retraite les unes derrière les autres, semblables aux galeries et aux loges d'une salle de spectacle, sont couverts de femelles accroupies sur les œufs, la tête tournée vers la mer, aussi nombreuses, aussi serrées que les spectateurs dans un théâtre le jour d'une première représentation. Devant le rocher, les mâles forment un nuage d'oiseaux, s'élevant dans les airs, rasant les flots et plongeant pour pêcher la nourriture des couveuses. Décrire l'agitation, le tourbillonnement, le bruit, les cris, les croassements, les sifflements de ces milliers d'oiseaux, de taille, de couleur, d'allures, de voix si diverses, est complètement impossible.

Le chasseur, étourdi, ahuri, ne sait où faire feu dans ce tourbillon vivant; il est incapable de distinguer, et encore moins de suivre l'oiseau qu'il veut ajuster. De guerre lasse, il tire au milieu du nuage. Le coup part; alors la confusion est au comble: des nuées d'oiseaux perchés sur les rochers ou nageant sur l'eau, s'envolent à leur tour et se mêlent aux autres; une immense clameur discordante s'élève dans les cieux. Loin de se dissiper, le nuage tourbillonne encore plus. Les cormorans, immobiles auparavant sur les rochers à fleur d'eau, s'agitent bruyamment; les hirondelles de mer volent en cercle autour de la tête du chasseur et le frappent de l'aile au visage. Toutes ces espèces si diverses, réunies pacifiquement sur un rocher isolé au milieu des vagues de l'océan Glacial, semblent reprocher à l'homme de venir troubler jusqu'au bout du monde la grande œuvre de l'incubation. Les femelles seules, enchaînées par l'amour maternel, se contentent de mêler leurs plaintes à celles des mâles indignés; elles restent immobiles sur leurs œufs jusqu'à ce qu'on les enlève de force ou qu'elles tombent frappées sur leur nid.

CHAPITRE VII

ANIMAUX LES PLUS CONNUS DES RÉGIONS TEMPÉRÉES

1. **Climat des régions tempérées.** — Dans ces régions, occupant la partie moyenne de l'un et de l'autre hémisphère, les habitants n'ont jamais le soleil exactement au-dessus de leurs têtes; les rayons de l'astre n'arrivent au sol que sous une direction oblique en toute saison, mais beaucoup plus en hiver qu'en été dans notre hémisphère. La durée des plus longs jours y varie de quatorze à vingt-quatre heures, suivant la distance du lieu considéré à l'équateur. En cette saison des plus longs jours, la chaleur va s'accumulant parce qu'elle n'est pas compensée par le refroidissement des nuits correspondantes, trop courtes, et la température s'élève beaucoup. Au contraire, dans la saison opposée, c'est la durée des nuits qui l'emporte sur celle des jours; et alors la température baisse d'autant plus que l'absence du soleil se prolonge davantage.

Ces différences de température engendent les saisons : le printemps, dont les tièdes souffles font épanouir les fleurs; l'été, qui dore la moisson aux ardeurs du soleil; l'automne, qui récolte la grappe sucrée du raisin; l'hiver, époque de repos pour la végétation. Moins riches, moins variées que les productions de la région torride, celles des régions tempérées ont cependant plus de valeur. Le froment, la vigne et les plus précieux des animaux domestiques ne prospèrent que dans les contrées à climat tempéré. C'est d'ailleurs sous ce climat que l'homme déploie toute son activité, toutes les ressources de la pensée, et que se développent pleinement les merveilles de l'art, de la science, de l'industrie. La France occupe une des parties les plus favorisées des régions tempérées.

2. **Animaux domestiques.** — Aux régions tempérées appartiennent les animaux domestiques qui aujourd'hui accompagnent l'homme sur toute la surface de la terre, là où le climat n'est ni trop chaud ni trop froid. Ce sont, le bœuf, le mouton, la chèvre, le porc, l'âne, le cheval, le chat. Gardons-nous d'oublier le chien, qui, indifférent au climat, est le serviteur de l'homme aussi bien sous le ciel ardent de l'équateur qu'au milieu des frimas arctiques. La basse-cour nous offre en outre le coq et la poule, le dindon, l'oie, le canard, la pintade. Ayant à revenir sur ces précieux animaux, qui nous donnent leur travail, leur toison, leur cuir, leur chair, nous nous bornerons à les nommer ici.

3. **L'Ours.** — Quant aux animaux sauvages des régions

Fig. 55. — Ours brun des Alpes.

tempérées, signalons parmi les plus gros l'ours, le sanglier, le loup, le renard, le cerf.

Autrefois abondamment répandu dans tous les pays montueux de la France, dans les Vosges, le Jura, les Cévennes, l'ours, exterminé par les progrès de la civilisation, a trouvé ses derniers refuges dans les gorges sauvages des Alpes et des Pyrénées. Il s'y fait même de jour en jour plus rare, et l'époque n'est peut-être pas éloignée où l'ours aura disparu de l'Europe centrale et ne se trouvera plus que dans les sombres forêts du Nord.

C'est un animal lourd, trapu, gauche d'allures, vêtu

d'une grossière et épaisse fourrure, ne laissant voir que le museau et les pieds. Il a la queue très courte, les oreilles médiocres et velues, les yeux petits et le regard sournois, les pieds armés d'ongles robustes. Son pelage varie du gris jaunâtre au brun plus ou moins noir. Il vit en solitaire, ayant pour domicile quelque caverne où il passe la mauvaise saison dans une sorte de torpeur voisine du sommeil. Il se nourrit surtout de matières végétales, racines, pousses tendres, fraises, sorbes, châtaignes; et quand la faim le presse, il s'attaque aux animaux vivants sans jamais toucher aux cadavres. Pris jeune, il s'apprivoise facilement et apprend divers tours que le bateleur montre au public de foire en foire. Se tenir debout, danser au son du fifre, faire la culbute, grotesquement gesticuler, tels sont les talents que l'éducation peut lui donner. Du reste, c'est un élève dont le maître a toujours à se méfier. Aussi est-il tenu muselé, et un anneau de fer passé à travers la lèvre lui impose obéissance par la douleur quand la chaîne d'attache tiraille. Sa fourrure, sa chair, sa graisse, la crainte qu'il inspire, lui font donner la chasse. Avec sa dépouille se font des tapis et des coiffures militaires; sa chair est estimée, et sa graisse a grand renom pour les pommades destinées à la chevelure.

4. **Le Sanglier.** — Très fréquents autrefois dans les vieilles forêts de la France, les sangliers deviennent chez nous de jour en jour plus rares, et sont destinés, de même que les ours, à disparaître tôt ou tard. Ce sont des ennemis redoutables, non pour les troupeaux, mais pour les cultures, où ils font graves dommages; d'ailleurs ce sont des bêtes brutales, dont la rencontre au fond d'un bois ne serait pas toujours sans péril.

Le sanglier possède à peu près la taille et la forme du porc vulgaire, mais il diffère surtout de celui-ci par son pelage grossier, d'un roux noirâtre; par les soies du dos, raides et fortes, se hérissant, dans la fureur, en une crinière d'aspect horrible; par sa tête, nommée *hure*, plus longue et plus arquée; par ses oreilles plus petites, droites et très mobiles; par ses jambes plus grosses et plus courtes; enfin par l'ensemble du corps plus ramassé.

Les yeux sont petits, expressifs si l'animal est tranquille, ardents et farouches dans la colère. Les dents canines de chaque mâchoire s'échappent menaçantes hors des lèvres : celles d'en bas fort longues, recourbées, tranchantes et pointues; celles d'en haut plus courtes et frottant contre les premières pour leur servir d'aiguisoir. Cet office de pierre à aiguiser a fait comparer les canines supérieures au grès des remouleurs et leur a valu le nom de *grès;* tandis que les canines inférieures, terribles à l'attaque, se nomment *défenses.* De son robuste museau ou *boutoir,* le sanglier heurte et culbute; du tranchant de ses défenses, il éventre et pourfend.

La femelle ou *laie* n'a pas de défenses, mais sa morsure est des plus redoutables ; elle l'accompagne d'un féroce claquement de mâchoire et d'un piétinement acharné, à lui seul mortel pour l'adversaire foulé. Le cri de l'un et de l'autre consiste en un souffle bruyant, signe de frayeur et de surprise ; hors du péril, la brute est ordinairement silencieuse.

Le sanglier aime les grandes forêts, dont il recherche les endroits les plus retirés et les plus sombres, où il ne soit pas inquiété par la présence de l'homme. Le jour, il se tient couché dans sa retraite ou *bauge,* au plus épais des broussailles et des buissons. Dans le voisinage est habituellement quelque mare bourbeuse où il se vautre avec délices. Sur le soir, il quitte son gîte, à la recherche de sa nourriture. De son groin il laboure le sol, toujours en ligne droite, pour déterrer des racines charnues; il cueille les fruits tombés à terre, les grains des céréales, les châtaignes, les faînes, les noisettes, les glands, ces derniers surtout, son régal préféré.

Mais la nourriture végétale ne suffit pas à sa voracité. S'il connaît un étang poissonneux, il en bouleverse les rives pour atteindre les anguilles réfugiées dans la vase; s'il sait un terrier de lapins, il le saccage en creusant profonde tranchée et culbutant les pierres à coups de boutoir. Il surprend la perdrix au nid, et dévore mère et couvée;

il broie les lapereaux au gîte ; il happe pendant leur sommeil les jeunes faons du cerf et du chevreuil. Enfin si la proie vivante manque, il se repaît de toute charogne. Toute la nuit se passe en semblables déprédations ; puis la bête regagne sa bauge aux premières lueurs du jour.

5. **Le Loup.** — Effroi de la campagne, ravageur des troupeaux, le loup est un bandit redoutable, même pour l'homme, qu'il ne craint pas d'attaquer lorsque la faim le presse. Pour la forme il se rapproche beaucoup du chien, dont le distingue surtout son naturel farouche. Pour la taille, il égale et même dépasse nos plus forts mâtins, avec lesquels aisément on le confondrait. Cependant sa

Fig. 56 — Le Loup.

tête est plus fine ; sa queue est droite et non recourbée, garnie en outre de longs poils touffus. Son pelage est gris fauve, varié de poils noirs en dessus. Solitaires ou réunis par petites bandes suivant la saison, les loups rôdent autour des pâturages et enlèvent les moutons en déjouant par leur audace la vigilance des bergers et le courage des chiens. Happé au col et saigné, le mouton est jeté, par un mouvement de tête, sur l'épaule du ravisseur, qui l'emporte, maintenu de la gueule, sans ralentir sa course sous le faix, tant il a le cou puissant et la mâchoire robuste.

6. **Le Renard.** — Malgré la chasse assidue qu'on lui fait, ce destructeur de volaille est encore très répandu en France et dans toute l'Europe. Ses repaires de prédilec-

tion sont les creux des rochers, surtout aux voisinages des fermes, dont il épie les oiseaux de basse-cour. A défaut d'un pareil gîte, il s'empare d'un terrier de lapin, qu'il élargit et creuse plus avant à sa convenance ; ou bien du domicile souterrain d'un blaireau, qu'il force à déloger par l'infection de son urine. Ses ruses dans les manœuvres de rapine, sa patience à toute épreuve, sa prudence si difficile à mettre en défaut, de tout temps l'ont rendu célèbre. De la taille d'un chien médiocre, mais de formes beaucoup plus sveltes, plus déliées, le renard a pour caractères les plus saillants le museau pointu et la queue touffue, amplement fournie de longs poils. Sa peau a peu de prix et ne sert qu'à faire des tapis ou de grossières fourrures. Au contraire, certains

Fig. 57. — Le Renard.

renards des régions arctiques fournissent des fourrures très estimées.

7. **Le Cerf.** — Hôte des bois et n'ayant pour défendre sa vie que sa course légère, le cerf se fait de plus en plus rare à mesure que disparaissent les grandes forêts. Il a le front surchargé de deux vastes cornes, appelées *bois*, et subdivisées en ramifications. Les trois branches inférieures sont les *andouillers;* les supérieures, au nombre de deux à cinq, se nomment *dagues*, et forment dans leur ensemble ce qu'on appelle l'*empaumure*. Le bois du cerf se détache et tombe chaque année au printemps, pour se refaire au mois d'août, en augmentant, jusqu'à la septième année, le nombre

des ramifications. Le premier bois est formé d'une simple dague; le second n'a qu'un seul andouiller, et le troisième en possède trois. Les plus vieux cerfs ont dix ramifications à chacune des deux tiges, ce qui les fait nommer *dix cors*. La femelle du cerf s'appelle *biche*, et les jeunes, un seul pour chaque mère, portent le nom de *faons*.

8. **Le Castor.** — De tous les animaux à poil des régions tempérées, le castor étant le plus industrieux, nous allons nous étendre, avec quelques détails, sur ses curieuses mœurs. Autrefois, il vivait en nombreuses sociétés au bord de tous nos fleuves; il bâtissait sur pilotis, avec du bois et de la terre glaise, de gracieuses petites cabanes qui figuraient, à la surface des eaux, un village de nains. Mais aujourd'hui, misérable, isolé, sans aucun reste de son antique industrie, il est sur le point de disparaître s'il n'a déjà pour toujours disparu. Tout au plus, sur les rives

Fig. 58. — Le Cerf.

Fig. 59. — Le Castor.

du Rhône, s'en trouve-t-il quelqu'un de temps en temps. C'est aux bords des lacs et des rivières de l'Amérique du Nord, dans les parties septentrionales, qu'on peut le voir encore se livrant en grand nombre à ses constructions.

Le castor est à peu près de la taille de nos chiens bassets. Son pelage roux est une fourrure soyeuse, très recherchée à cause de sa finesse. La tête est peu allongée, l'oreille courte et ronde, le corps trapu et traînant presque à terre. Les pattes de devant ont les doigts séparés l'un de l'autre et sont conformées en petites mains d'une étonnante dextérité. Celles de derrière rappellent les pattes de l'oie et du canard; entre leurs doigts s'étale une membrane qui fait des extrémités postérieures des palettes, des rames éminemment aptes à la natation. La queue sert de gouvernail. Elle est aplatie, très large et couverte, non de poils, mais de grandes écailles, qui lui donnent quelque ressemblance avec le dos d'une carpe. De ce robuste battoir, le castor fouette l'eau pour plonger ou remonter, tourner dans un sens ou dans l'autre, et manœuvrer enfin dans le courant avec l'adresse du plus habile nageur.

9. **Mœurs du Castor.** — Il faut aux castors, pour leurs constructions, des eaux calmes et dont le niveau ne soit pas sujet à varier. Si l'emplacement choisi est une rivière, leur premier travail est une digue qui barre le courant et le transforme en une nappe tranquille, dont la hauteur se maintient la même en temps de sécheresse comme en temps de pluie.

Pour maîtresse pièce du barrage, un arbre est choisi sur la rive, aussi gros que le corps d'un homme, assez long pour aller en travers d'un bord à l'autre de la rivière, dont la largeur est parfois de vingt à trente mètres. De leurs quatre dents de devant, tranchantes et dures comme du fin acier, les castors entaillent l'arbre à la base, qui rongé patiemment, miette par miette, chancelle et tombe, non au hasard, mais toujours du côté de l'eau. Par une savante combinaison, en effet, au lieu de ronger le tronc tout autour, ils pratiquent l'entaille uniquement du côté de la rivière, de sorte que l'arbre, cédant sur le point entamé, tombe en travers du courant, le pied sur un bord et la cime sur l'autre.

Une escouade de travailleurs traverse alors la rivière, qui à la nage, qui sur le pont de l'arbre, et accourt dépouiller la cime de ses branches, afin que la solive repose solidement à plat. En même temps d'autres parcourent le voisinage de la rivière, mais toujours en remontant le courant; ils scient des arbres de la grosseur de la jambe; ils les dépècent en tronçons d'une longueur calculée sur la profondeur de l'eau, les aiguisent par un bout et les traînent avec les dents jusqu'au bord de la rivière. Là, pour éviter un plus long trajet par terre, si pénible avec pareille charge, chacun se jette à la nage, met à flot son pieu et le laisse entraîner par le courant. Le castor suit et dirige la pièce flottante.

Parvenus au chantier de la digue, les uns dressent les pieux et les maintiennent d'aplomb, le gros bout appliqué contre la poutre transversale, tandis que d'autres plongent pour creuser au fond de l'eau, avec les pattes de devant, un trou dans lequel ils enfoncent l'extrémité pointue. Le plongeur remet la terre dans la cavité, la piétine, la tasse avec soin; et le pieu se trouve solidement fixé, la tête à fleur d'eau contre l'appui de l'arbre.

Pendant que les charpentiers dressent la palissade, des vanniers renforcent l'ouvrage avec des branches flexibles de saule entrelacées parmi les pieux. Plusieurs barrières sont ainsi construites, l'une devant l'autre, dans toute la largeur du courant. A mesure que ce travail avance, l'intervalle entre les diverses rangées de pieux est comblé avec des matériaux de maçonnerie. Les castors vont chercher de la terre grasse, qu'ils pétrissent avec les pieds, qu'ils battent de leur large queue en guise de truelle pour lui donner consistance ; ils en apportent des pelotes soit avec la gueule, soit avec les pattes de devant, et finissent par en remplir tous les vides de leur pilotis. Au moyen de cette chaussée, épaisse d'un mètre au sommet, beaucoup plus large à la base pour mieux résister à la pression de l'eau, les castors sont en possession d'un petit lac tranquille, dont le trop plein se déverse par quelques rigoles ménagées au-dessus du barrage.

Après ce travail d'intérêt général auquel tous ont prêté leur concours, chacun songe à se bâtir en particulier sa demeure. Dans l'eau, mais au bord du lac, un pilotis est dressé avec des pieux et de la terre, pour servir de support à l'édifice. Sur cette base s'élève une élégante cabane ronde, avec toit en coupole; elle est maçonnée avec du sable, des pierres, du bois, de la glaise; elle est crépie tant au dehors qu'au dedans d'une couche lisse d'argile. Sa hauteur et sa largeur dépassent un mètre; ses murs, épais d'un à deux pans, sont d'une solidité qui défie la violence des vents et les efforts de tout ennemi qui voudrait forcer le refuge. L'intérieur est divisé en deux étages, communiquant entre eux par un trou percé dans la cloison qui les sépare. L'étage inférieur a sa porte d'entrée au milieu du

Fig. 60. — Castors en travail.

plancher, sous l'eau; et comme la cabane n'a pas d'autre orifice communiquant au dehors, le castor est obligé de plonger toutes les fois qu'il sort ou qu'il rentre.

Les chambres de la cabane sont très proprement tenues, avec tapis de verdure, de rameaux de buis et de feuilles de sapin. Sur cette couchette repose la famille, qui se compose d'une dizaine d'individus, les vieux et les jeunes pêle-mêle. Parfois plusieurs familles se réunissent et mènent une vie commune dans un logement plus spacieux. Enfin, près des habitations, est construit sous l'eau l'entrepôt général des vivres, où sont amassées en septembre les provisions d'hiver, écorces fraîches et rameaux tendres. Chaque famille y possède son magasin particulier, où elle puise sans toucher aux réserves des autres.

CHAPITRE VIII

ANIMAUX LES PLUS CONNUS DES RÉGIONS TORRIDES

1. **Climat des régions torrides.** — Pour ces pays, le soleil, à l'heure de midi, est toujours à peu près au point le plus haut du ciel; ses rayons arrivent d'aplomb sur le sol et produisent la haute température qui a valu à ces régions la qualification de *torrides*, c'est-à-dire *brûlantes*, Comme, d'autre part, les nuits et les jours y conservent toute l'année une valeur à peu près égale, s'écartant peu de douze heures, le refroidissement nocturne est exactement compensé par le réchauffement diurne, et la température ne varie pas d'une manière notable d'une saison à l'autre.

Dans ces contrées favorisées du soleil, c'est, d'un bout à l'autre de l'année, un été perpétuel. Les arbres n'y perdent jamais leur verdure, comme les nôtres dans nos tristes hivers. C'est là que les forêts se peuplent de palmiers, dont la tige s'élance d'un seul jet pour déployer un immense parasol de feuilles élégantes; c'est là que, à profusion, éclosent ces fleurs éclatantes, ornements de nos serres, mais si frileuses, que tous nos soins ne peuvent leur faire oublier le soleil de leur chaude patrie.

2. **Les Singes. — Le Gorille** — Les régions torrides possèdent les singes, dont les plus remarquables sont l'*Orang-outang*, le *Chimpanzé*, le *Gorille*.

C'est dans les forêts touffues de Sumatra et de Bornéo que se trouve le grand singe auquel les Malais ont donné le nom d'orang-outang, signifiant homme des bois. Sa hauteur est de trois à quatre pieds, et son corps est couvert d'un grossier pelage roux. Sa conformation lui permet d'imiter un grand nombre de nos actions, mais son intelligence ne paraît guère dépasser celle du chien.

Le chimpanzé habite les régions brûlantes de l'Afrique, les côtes de la Guinée et du Congo. Sa taille est celle de

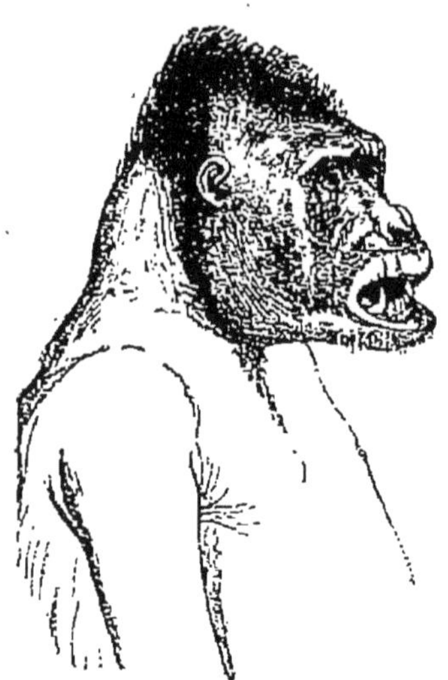

Fig. 61. — Le Gorille.

Fig. 62. — Le Chimpanzé.

l'homme, son corps est couvert d'un poil épais et noir. La face approche de la couleur de chair; les oreilles sont grandes et arrondies. Dans le bas âge, les chimpanzés ont la pétulance et la gaieté des enfants; ils sont doux de caractère, dociles pour apprendre et doués d'un rare esprit d'imitation. Mais ces qualités sont le partage de la jeunesse; le chimpanzé, comme l'orang-outang, devient morose, triste et bestial dans un âge plus mûr.

Le gorille habite l'intérieur de la Guinée. Sa hauteur dépasse cinq pieds. Il est démesurément large au niveau des épaules, et couvert d'un pelage brun, épais et grossier. Les traits les plus saillants de sa tête consistent dans la grande largeur et l'allongement de la face, la petitesse relative du crâne, la lèvre inférieure très mobile et pendante sur le menton, le nez large et plat, le museau proéminent, la face nue et s'approchant du noir. Les gorilles sont excessivement féroces et ne fuient jamais devant l'homme. S'il est surpris dans les forêts, l'animal pousse un hurlement horrible, qui résonne au loin, prolongé et aigu. Ses énormes mâchoires s'ouvrent largement, sa lèvre inférieure pend sur le menton, une crête de poils s'abaisse vers les sourcils et la physionomie prend un caractère d'effrayante férocité. Le chasseur attend son approche en tenant le fusil en joue. S'il n'est pas sûr de son coup, il laisse l'animal empoigner le canon, et, au moment où le gorille le porte à la bouche, comme c'est son habitude, il fait feu. Si le coup ne part pas, le canon de fusil est broyé entre les mâchoires de l'animal, et la rencontre devient fatale au chasseur, étouffé dans la formidable étreinte de ce géant des singes.

3. **L'Orang-outang.** — F. Cuvier parle ainsi d'un jeune orang élevé en domesticité : — « Je l'ai vu très souvent se jeter à terre et pousser des cris de douleur en se frappant la tête, pour témoigner ainsi son impatience dès qu'on lui refusait quelque chose qu'il désirait vivement. Dans sa colère, il relevait la tête de temps en temps, et suspendait ses cris pour regarder les personnes qui étaient près de lui, et voir s'il avait produit quelque effet sur elles et si elles se disposaient à lui céder. Lorsqu'il croyait ne rien apercevoir de favorable dans les regards ou dans les gestes, il recommençait à crier.

» Le besoin d'affection portait ordinairement notre orang-outang à rechercher les personnes qu'il connaissait, et à fuir la solitude, qui paraissait beaucoup lui déplaire. Le besoin le poussa un jour à un trait remarquable d'intelligence. On le tenait dans une pièce voisine du salon où l'on se rassemblait habituellement ; plusieurs fois il avait monté sur une chaise pour ouvrir la porte du salon ; la place ordinaire de cette chaise était près de la porte, et la serrure se fermait avec un pène. Une fois, pour l'empêcher d'entrer, on avait ôté la chaise du voisinage de la porte ; mais, à peine celle-ci fut-elle fermée, qu'on la vit s'ouvrir, et l'orang descendre de cette même chaise qu'il avait apportée pour s'élever au niveau de la serrure.

» Notre animal avait pris pour deux petits chats une affection qui ne lui était pas toujours agréable. Il tenait ordinairement l'un ou l'autre sous son bras, et d'autres fois, il se plaisait à les placer sur sa tête. Mais comme, dans ses divers mouvements, les chats éprouvaient souvent la crainte de tomber, ils s'accrochaient avec leurs griffes à la peau de l'orang, qui souffrait avec beaucoup de patience la douleur qu'il en ressentait. Deux ou trois fois, il examina attentivement les pattes de ses compagnons, et, après avoir découvert leurs ongles, il chercha à les arracher, mais avec ses doigts seulement. N'ayant pu le faire, il se résigna à souffrir plutôt que de sacrifier le plaisir qu'il éprouvait à jouer avec eux.

Fig. 63. — Jeune Chimpanzé.

Pour manger, il prenait les aliments avec ses mains ou avec ses lèvres. Il n'était pas fort habile à manier nos instruments de table, mais il suppléait par son intelligence à sa maladresse. Lorsque les aliments qui étaient sur son assiette ne se plaçaient pas aisément dans sa cuiller, il donnait celle-ci à son voisin pour la faire remplir. Il buvait très bien dans un verre en le tenant des deux mains. Un jour, après avoir reposé son verre sur la table, il vit qu'il n'était pas d'aplomb et qu'il allait tomber ; il plaça sa main du côté où ce verre penchait pour le soutenir. »

4 **Le Chimpanzé.** — Au sujet d'un jeune chimpanzé, qu'il appelle Jocko, Buffon s'exprime ainsi :

« Son air était assez triste, sa démarche grave, ses mouvements mesurés, son naturel doux et très différent de celui des autres singes. Il n'avait ni l'impatience des magots, ni la méchanceté du baboin, ni l'extravagance des guenons. Il fallait le bâton pour le baboin et le fouet pour les autres, qui n'obéissent guère qu'à force de coups ; le signe et la parole suffisaient pour le faire agir.

» Je l'ai vu présenter sa main pour reconduire les gens qui venaient le visiter, se promener gravement avec eux et comme de compagnie; je l'ai vu s'asseoir à table, déployer sa serviette, s'en essuyer les lèvres, se servir de la cuiller et de la fourchette pour porter les aliments à sa bouche, verser lui-même sa boisson dans son verre, le choquer lorsqu'il y était invité, aller prendre une tasse et une soucoupe, l'apporter sur la table, y mettre du sucre, y verser du thé, le laisser refroidir pour le boire, et tout cela sans autres instigations que les signes ou la parole de son maître, et souvent de lui-même. Il ne faisait de mal à personne, s'approchait même avec circonspection, et se présentait comme pour demander des caresses. Il mangeait presque de tout, seulement il préférait les fruits

Fig. 64. — Le Lion.

mûrs et sains à tous les autres aliments. Il buvait du vin, mais en petite quantité, et le laissait volontiers pour du lait, du thé ou d'autres liqueurs douces. »

5. **Le Lion.** — Du nord au sud de l'Afrique habite le lion, le plus vigoureux des animaux mangeurs de chair, capable de briser les reins à un cheval d'un coup de griffe, et de terrasser un homme d'un coup de queue. Le pelage est fauve, et le mâle a les épaules et la tête revêtues d'une épaisse crinière. L'attitude fière de sa tête, sa majestueuse crinière, son air grave et réfléchi, lui donnent une apparence de dignité qui lui a valu le titre

de roi des animaux. C'est en réalité un vulgaire bandit, profitant des ténèbres et se cachant pour surprendre sa proie; c'est parfois même un poltron que des femmes et des enfants mettent en fuite, rien qu'en jetant de grands cris. Le lion néanmoins est une bête terrible, dont le rugissement seul inspire la terreur. Dans les lieux déserts,

Fig. 65 et 66. — Tête de Lion vu de de face et de profil.

il a pour proie favorite l'antilope et la gazelle; dans les régions habitées, il dévaste les troupeaux de bœufs et de moutons; mais rarement il attaque l'homme à moins que ce ne soit pour sa défense. Il a les habitudes nocturnes;

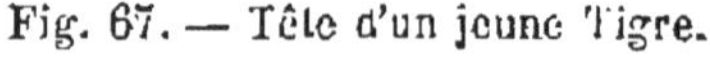

Fig. 67. — Tête d'un jeune Tigre.

Fig. 68. — Le Tigre.

c'est de nuit qu'il chasse et qu'il déploie le plus d'audace.

6. **Le Tigre. — La Panthère. — Le Jaguar.** — Moindre de taille que le lion, le tigre est cependant plus redoutable, à cause de ses appétits sanguinaires. Il vit exclusivement en Asie, notamment dans l'Inde et dans les îles

de Sumatra et de Java. Son pelage est remarquable de beauté. Le jaune roux occupe le dos et les flancs ; le blanc pur règne sur les joues, la gorge et le ventre. En outre, ces deux teintes sont relevées par de nombreuses bandes noires disposées en travers. La queue est longue et annelée de noir et de fauve.

Les mêmes régions asiatiques, ainsi que l'Afrique, ont la panthère, un peu moindre que le tigre, mais tout aussi redoutable, à dos jaunâtre, à ventre blanc et ornée en outre de taches noires et rondes, plus fortes sur les flancs, où elles se groupent par rosaces de cinq ou six.

Fig. 69. — La Panthère.

L'Amérique du Sud et les parties méridionales de l'Amérique du Nord possèdent le jaguar, autre espèce sanguinaire qui joint, à la vigueur du tigre, la robe tachetée de la panthère. Les bœufs et les chevaux, issus de nos races domestiques, mais redevenus sauvages dans les immenses prairies de l'Amérique du Sud, sont l'habituelle proie de sa terrible mâchoire.

7. **Griffes rétractiles.** — Tous ces mangeurs de proie vivante, tigre, jaguar, panthère, le lion même, abstraction faite de la crinière du mâle, ont une grande ressemblance de forme avec le chat. Le tigre, notamment, n'est-ce pas là un chat de taille énorme? Pareilles sont les mœurs aussi. Il faut à tous la chair palpitante d'une proie astucieusement guettée et saisie par surprise ; il faut à tous démarche silencieuse, souplesse d'échine pour le bond, dent aiguë convertie en poignard, griffe qui happe et déchire. Examinons les armes du chasseur de souris, notre vulgaire chat, et nous saurons de quelle manière sont armés le tigre, le lion et les autres.

Considérons en dessous la patte du chat. On voit sous chaque doigt une pelotte charnue, un vrai coussin mollement rembourré. Une autre pelote, beaucoup plus large, occupe le centre. En outre, des touffes de duvet garnissent les intervalles. Ainsi chaussé, le chat marche comme sur de l'étoupe, comme sur de l'ouate ; et il n'y a pas d'oreille qui puisse l'entendre s'approcher. Ce sont là des pantoufles silencieuses, parfaitement appropriées à la capture par surprise. Le chien, lui aussi, a sous les pattes de semblables coussinets, mais plus grossiers ; néanmoins on entend ses pas à cause des ongles qui frottent contre le sol. Mais le chat, pendant la marche et le repos, tient ses ongles rentrés dans une gaine que forme l'extrémité des doigts ; il fait alors, comme on dit, patte de velours. Ainsi retirés dans leurs étuis, les ongles ne débordent pas la patte et ne peuvent choquer le sol.

A ce premier avantage de ne faire aucun bruit en marchant, s'en adjoint un autre non moins précieux pour le chat. Cachées au fond de leurs gaines, les griffes ne s'émoussent point ; elles conservent, pour l'attaque, leur tranchant et leur pointe acérée. Ce sont des armes fines que l'animal garde dans un fourreau jusqu'au moment d'en faire usage. Alors, de leurs étuis, les griffes brusquement s'échappent, comme poussées par un ressort, et la patte de velours de tantôt devient un harpon terrible, qui s'implante dans les chairs, et laboure la proie de sanglants sillons.

Si l'on presse doucement des doigts la patte du chat, les griffes sortent de leurs étuis ; si l'on cesse de presser les griffes aussitôt rentrent. Nous avons là juste ce qui se passe au gré du chat. Examinons de plus près ce curieux mécanisme. L'osselet terminal des doigts, celui qui porte l'ongle, se rattache à l'osselet qui précède au moyen d'un ligament élastique, dont l'effet, à l'état de repos, est de relever le premier os et de le coucher sur le dos du second. Supposons que l'extrémité de nos doigts ait assez de jeu pour se replier en arrière, et nous aurons une idée exacte de la chose. Dans cette position de l'osselet terminal, l'ongle se tient relevé, à demi enfoncé dans un pli de la peau et caché sous les poils épais de la patte. C'est alors patte de velours ; les griffes sont rentrées dans leurs étuis.

Mais faut-il faire usage des armes? Le chat n'a qu'à vouloir, et les griffes à l'instant surgissent. La figure 70 nous montre comme un réseau de cordages. Ce sont des tendons que tirent, quand le veut l'animal, les muscles ou faisceaux de chair situés plus haut. Ils se rattachent à la face inférieure de l'osselet terminal des doigts. Entraîné par le tendon corespondant, cet osselet pivote, comme sur une charnière, sur l'extrémité de l'os qui pré-

Fig. 70. — Disposition des griffes du Chat.

Fig. 71. — Dents du Chat.

cède, et se met en ligne droite avec lui. Du même coup, les crocs des ongles font saillie hors de la patte.

Semblable griffe se retrouve dans le lion, le tigre, la panthère, le jaguar, et divers autres animaux adonnés aux appétits sanguinaires; on les nomme griffes *rétractiles*, parce qu'elles peuvent se retirer dans leurs étuis où elle se conservent acérées.

8. **Le râtelier du Chat.** — Considérons encore le râtelier du chat si bien armé pour la proie vivante. Sur les côtés sont des dents découpées en arêtes tranchantes, qui, jouant l'une contre l'autre, à la façon de lames de ciseaux, sont éminemment propres à tailler la chair. Plus avant sont les *canines*, c'est-à-dire des dents très longues, robustes et pointues, sorte de poignards dont le chat transperce la souris. Comme tout cela doit horriblement pénétrer dans le corps de la victime! il suffit de voir ce râtelier pour reconnaître un sanguinaire chasseur. Tous les mangeurs de chair, tigre, lion, panthère et autres, possèdent

pareille mâchoire, avec canines aiguisées en poignard et dents du fond tailladées en arêtes tranchantes.

9. **L'Éléphant. — Le Rhinocéros. — L'Hippopotame.** — Ce sont là les plus gros des animaux terrestres, et tous les trois habitent les régions torrides. On connaît deux espèces d'éléphant : l'une appartient à l'Asie, en particulier à l'Inde ; l'autre appartient à l'Afrique australe. L'éléphant asiatique, de caractère plus doux, capturé plus ou moins jeune et convenablement dressé, est employé comme animal domestique ; celui d'Afrique se prête moins bien à cette éducation. L'un et l'autre, l'éléphant africain surtout, sont chassés pour leur ivoire.

De même que les éléphants, les rhinocéros de notre

Fig. 72. — Éléphant attelé à un chariot.

époque ne vivent que dans l'Inde et en Afrique. En général, ils dépassent en grosseur notre bœuf. Ce sont des animaux trapus, farouches, obtus d'intelligence, que rendent redoutables leur force et leur brutalité de caractère. Leur nom signifie *nez cornu*. Le rhinocéros des Indes porte en effet sur le nez une corne résultant d'une agglutination de poils ; celui d'Afrique en porte deux. Leur peau est très épaisse, mamelonnée de fortes verrues, et se divise par d'épais replis en parties ressemblant aux pièces d'une armure. Les rhinocéros fréquentent les forêts et les grands marécages, où ils se nourissent de matières végétales, branchages, chaumes, bambous, racines charnues.

L'hippopotame, dont le nom signifie cheval des fleuves, habite les lacs et les grands fleuves de l'Afrique centrale. Sa nourriture consiste en herbages. C'est une bête corpulente, à courtes jambes, à tête énorme, que termine un large mufle, à peau nue, ou n'ayant que quelques poils rares et isolées. Lourds et embarrassés sur le sol à cause

Fig. 73. — Le Rhinocéros.

Fig. 74. — L'Hippopotame

de leur masse, les hippopotames deviennent plus agiles dans l'eau, où ils passent la majeure partie de leur vie, tantôt nageant, le mufle seul à la surfacc et rejetant avec le souffle, sous forme de deux petits jets irréguliers, l'eau qui tend à s'introdnire dans les narines, tantôt plongeant pour séjourner assez longtemps sous l'eau, marcher dans la vase et y chercher leur nourriture, plantes aquatiques et racines succulentes. De caractère assez pacifique et d'ailleurs très lourd d'allures, à cause de sa masse informe qui le fait ressembler à un monstrueux sac de graisse, l'hippopotame est sans péril pour l'homme ; néanmoins une embarcation doit s'en méfier, l'animal pouvant en saisir le bord avec son énorme gueule et la faire chavirer.

CHAPITRE IX

CROISSANCE DE L'ANIMAL. — ALLAITEMENT. — ŒUF

1. **Allaitement.** — Les animaux de l'organisation la plus élevée, pour se nourrir et grandir, sont tous soumis dans le jeune âge à l'*allaitement;* c'est-à-dire que la mère les alimente de sa propre substance, convertie en lait dans les *mamelles*. Aussi les désigne-t-on par le nom de *mammifères*, signifiant *porte-mamelles*. Tandis que l'immense majorité des animaux, après avoir pourvu à quelques besoins du faible nouveau-né, abandonne sa progéniture aux chances du hasard, sans plus s'en préoccuper, les mammifères, pendant une période plus ou moins longue, alimentent leur famille avec le lait de leurs mamelles. Cette éducation maternelle, puisant dans la mère les matériaux qui doivent accroître et fortifier les jeunes, ne se retrouve plus ailleurs dans toute la série animale; elle est le signe distinctif des animaux supérieurs.

Le lait, liquide nourricier du jeune âge, se forme dans les mamelles avec les matériaux que fournit le sang. Pour que chaque nourrisson trouve sa part de lait au sein maternel, il faut que le nombre des mamelles soit proportionné à la multiplicité de la famille. Ce nombre varie donc beaucoup d'une espèce animale à l'autre, parce que le nombre des jeunes élevés à la fois varie lui-même aussi. Les singes, les chauves-souris, l'éléphant, la chèvre, qui n'ont qu'un petit, deux au plus, n'ont aussi que deux mamelles ; la chatte, dont la famille est populeuse, en a huit ; le lapin et le cochon en ont dix ; le rat qui, tout misérable qu'il est, élève nombreuse nichée, en possède une douzaine.

2. **Les Marsupiaux.** — Tantôt les jeunes naissent les

yeux ouverts, et ont assez de vigueur pour se tenir bientôt debout, marcher, s'éloigner de la mère ou s'en rapprocher pour se suspendre à la mamelle : c'est le cas de l'agneau et du chevreau ; tantôt encore ils naissent les yeux fermés et dans un état de faiblesse qui ne leur permet pas de quitter le gîte préparé par la mère : c'est le cas des petits de la chatte et de la chienne ; mais tous, forts ou faibles, ont la configuration et les organes qu'ils doivent posséder une fois sevrés. Dans d'autres cas, beaucoup plus rares, les jeunes naissent pour ainsi dire prématurément, dans un état d'imperfection extrême, incapables de se mouvoir, pourvus à peine de membres en germe. Pour telle espèce de la taille du chat, les petits, à leur naissance, n'ont guère que le volume d'un grain de café.

Fig. 75. — La Sarigue.

Ces débiles nouveau-nés périraient s'ils n'avaient d'autre sauvegarde que les soins de l'habituel allaitement. La mère les met en présence des mamelles, où chacun s'attache et se greffe pour ainsi dire, ne quittant plus le mamelon jusqu'à ce qu'ils aient atteint le degré de croissance que les mammifères ordinaires ont en naissant. L'allaitement se fait, non par la succion des jeunes, mais par un jet spontané du mamelon, qui verse le lait au fond du gosier impuissant. Plus tard, le jeune, devenu assez fort, reprend ou quitte à volonté la mamelle.

Pour élever sa famille en cet état d'originelle faiblesse, la mère a sous le ventre, autour des mamelles, un repli de la peau, formant une poche ou bourse, en latin *marsupium*, au fond de laquelle les jeunes grossissent. Deux os particuliers s'avancent sous le ventre et donnent appui à la poche maternelle. Quand les premières forces sont venues, les petits avancent la tête à l'ouverture de la bourse, pendant que la mère broute; lorsqu'ils commencent à marcher, ils sortent de ce refuge et y rentrent au moindre danger. On donne à ces animaux à bourse le nom de *Marsupiaux*.

Sauf les *Sarigues*, qui sont de l'Amérique, tous les marsupiaux appartiennent à l'Australie et aux îles voisines. Les plus remarquables sont les *Kanguroos*. Nous avons déjà dit comment ils progressent par bonds énormes, au moyen de leurs robustes membres postérieurs, et de leur queue non moins vigoureuse, qui se détend à la manière d'un ressort.

3. **Lait.** — Le lait, première nourriture de tous les mammifères dans le jeune âge, contient trois substances principales, savoir : la *crème*, ou matière grasse avec laquelle se prépare le beurre; la *caséine* ou *caillé*, qui sert à la fabrication du fromage; enfin une substance à saveur légèrement douce et que l'on nomme *sucre de lait*. Ces trois matières enlevées, le reste n'est guère que de l'eau. Pour obtenir chacune à part, on s'y prend de la manière suivante :

Abandonné au repos dans un lieu frais et au contact de l'air, le lait se couvre, plus tôt ou plus tard suivant la saison, d'une épaisse couche onctueuse, qui prend le nom de crème. Voilà la matière à beurre. Elle se sépare d'elle-même du liquide et monte à la surface. On l'enlève avec une écumoire. Ce qui reste est le lait *écrémé*, de même blancheur, de même aspect que le lait primitif, mais privé de sa matière grasse. Dans ce lait écrémé, versons quelques gouttes d'un liquide aigre quelconque, par exemple de jus de citron. Le lait tourne, et d'épais flocons blancs se forment. Ces flocons sont le caillé, la caséine, enfin la matière du fromage. Une fois la caséine recueillie, il ne reste qu'un liquide transparent que l'on prendrait pour de l'eau un peu teintée de jaune. Ce liquide se nomme *petit-lait*. Il ne contient guère que de l'eau avec une petite quantité de sucre de lait, qui lui donne une légère saveur douce. Malgré son nom, cette matière n'a rien de commun avec le sucre dont nous faisons habituel usage. C'est une matière d'un blanc terne, assez dure, craquant sous la dent, et d'une saveur faiblement sucrée. On n'en fait emploi qu'en pharmacie.

4. **Œuf. Sa coloration.** — Les œufs de la poule sont blancs, comme aussi les œufs du pigeon, du canard et de l'oie. La dinde a les siens tiquetés d'une multitude de petits points d'un roux pâle. Mais ce sont surtout les œufs des oiseaux non soumis à la domesticité qui sont remarquables par leur coloration. Il y en a d'un beau bleu de ciel, tels que ceux de certains merles ; de roses, pour quelques fauvettes ; d'un vert sombre, presque bronzé, pour ceux du rossignol. Ceux du corbeau sont d'un vert bleuâtre, avec des taches brunes ; ceux du chardonneret sont ponctués de brun rougeâtre, surtout au gros bout. La coloration est tantôt uniforme, et tantôt rehaussée par des taches sombres, par des ponctuations jetées au hasard, par des traits bizarres qui rappellent une écriture indéchiffrable. Beaucoup d'oiseaux rapaces, principalement ceux de la mer, pondent des œufs mouchetés de larges taches fauves, qui leur donnent l'aspect du pelage de la panthère et du léopard. La plupart ont la forme allongée, renflée à un bout, pointue à l'autre, dont le modèle est l'œuf de la poule ; mais il y en a de ronds, ressemblant à des billes : tels sont ceux des oiseaux de proie nocturnes, hiboux et chouettes.

5. **Nature de la coquille de l'œuf.** — Par sa nature, la coquille de l'œuf ne diffère pas de la vulgaire pierre à bâtir ; ou mieux, à cause de son extrême pureté, elle ne diffère pas de la craie dont on fait usage pour écrire au tableau, et du magnifique marbre blanc que le sculpteur recherche pour les chefs-d'œuvre de son ciseau. En un mot c'est du *calcaire*, du *carbonate de chaux*. Ainsi, pour revêtir l'œuf d'une enveloppe solide, la poule et tous les oiseaux sans exception mettent en œuvre la même matière que travaille le sculpteur dans son atelier, et qu'emploie l'écolier devant le tableau noir.

Or, aucun animal ne crée de la matière, aucun ne fait de rien son corps et tout ce qui en provient. L'oiseau ne trouve donc pas en lui-même les matériaux pour la coquille de l'œuf; il les prend au dehors avec sa nourriture. Parmi le grain qu'on lui jette, la poule trouve des parcelles de pierre qu'a laissées un nettoyage très imparfait; elle les avale sans hésiter, reconnaissant fort bien pourtant que ce sont de petites pierres et non des grains de blé. Cela ne lui suffit pas : toute la journée, on la voit gratter et becqueter dans la basse-cour. De temps en temps, elle déterre quelque vermisseau, sa grande friandise; de temps en temps aussi, quelque fragment de pierre calcaire dont elle fait son profit. C'est ainsi qu'en avalant de menus grains calcaires, la poule fait provision de matériaux pour la coque de son œuf. Si ces matériaux venaient à lui manquer, si la nourriture qu'on lui donne ne renfermait pas de calcaire, si, captive dans une cage, elle ne pouvait se procurer elle-même le carbonate de chaux en becquetant le sol, elle pondrait des œufs sans coquille et simplement enveloppés d'une peau flasque.

6. **Structure de la coquille de l'œuf.** — Si nous regardons attentivement un œuf de poule, nous distinguerons sur la coque, principalement au gros bout, une multitude de très petits points enfoncés comme pourrait en faire la pointe d'une fine aiguille. A chacun de ces enfoncements correspond un trou invisible, qui perce la coquille de part en part et fait communiquer l'intérieur avec l'extérieur. Ces trous, beaucoup trop étroits pour laisser se répandre au dehors le contenu liquide de l'œuf, suffisent néanmoins au passage soit des vapeurs humides qui s'exhalent hors de la coque, soit de l'air qui pénètre au dedans et remplace l'humidité disparue.

La présence de ces innombrables ouvertures est d'absolue nécessité pour l'éveil et l'entretien de la vie dans le futur poulet. Tout être vivant respire, toute vie naît et se continue par l'action de l'air. Il faut de l'air à la semence qui germe sous terre. Enfoncée trop profondément, elle dépérit tôt ou tard sans pouvoir lever, parce que l'épaisse couche du sol empêche l'air d'arriver jusqu'à elle. Il faut de l'air à l'œuf pour que sa substance, doucement chauffée par la mère qui couve, prenne vie et devienne petit poulet; sans discontinuer, il en faut à celui-ci, tout enfermé qu'il est dans sa coquille. Grâce aux ouvertures dont la coque est criblée, l'air pénètre à mesure que l'exigent les besoins de la respiration : il vivifie la matière de l'œuf et le petit être qui lentement se forme.

7. **Chambre à air.** — Cassons maintenant la coquille. Que trouvons-nous dessous? Nous trouvons une fine membrane, une peau souple, qui de partout tapisse l'intérieur de la coque et forme une espèce de sac sans ouverture, que remplissent le blanc et le jaune. Lorsque accidentellement la couche calcaire fait défaut, cette membrane constitue à elle seule l'enveloppe de l'œuf, enveloppe molle comme le serait un mince parchemin mouillé.

Récemment pondu, un œuf a la capacité de sa coque exactement pleine; mais il ne tarde pas à perdre une partie de son humidité, qui s'exhale à travers les orifices de la coquille. Un vide se fait donc à l'intérieur, du côté du gros bout, où l'exhalaison est plus rapide. Alors, en cette partie, la membrane se détache de la coque, qu'elle tapissait d'abord, et recule à l'intérieur, avec le contenu de l'œuf amoindri par l'évaporation. Il se produit de la sorte, au gros bout, une cavité que l'air du dehors vient occuper et qu'on appelle, pour ce motif, *chambre à air*.

Cette chambre, nulle au début, s'agrandit peu à peu à mesure que l'évaporation de l'humidité laisse plus d'espace libre; elle est par conséquent d'autant plus spacieuse que l'œuf est plus vieux. Si l'œuf est mis couver, la chaleur de la mère active l'évaporation et fait rapidement apparaître la chambre à air. Là s'amasse, comme dans un réservoir, la provision d'air nécessaire à la vitalité de l'œuf et à la respiration de l'oiseau naissant. L'espace vide du gros bout est donc un entrepôt respiratoire. Lorsque nous mangeons un œuf cuit dans sa coque, cassons-le avec soin du côté du gros bout. Si l'œuf est très récent, sous la coquille se montrera immédiatement le blanc, sans intervalle vide; mais s'il est vieux, nous trouverons un creux inoccupé, plus ou moins grand : c'est là la chambre à air.

8. **Albumen et chalazes.** — Vient après la *glaire* ou le *blanc*, ainsi appelé parce que la chaleur le durcit en une matière d'un blanc pur. Pour le même motif, la science l'appelle *albumen*, du mot latin *albus*, qui signifie blanc.

La glaire est distribuée en diverses couches qui, aux deux bouts de l'œuf, se tordent sur elles-mêmes et forment deux sortes de gros cordons noueux, nommés *chalazes*. Pour voir ces cordons, il faut casser avec précaution, dans une assiette, un œuf non cuit. On distingue alors, de chaque côté du jaune, une masse où la glaire est plus épaisse et comme noueuse. Ce sont là, affaissés et déformés par la rupture de l'œuf, les deux cordons en question.

Pour nous en faire une idée nette, prenons une orange, mettons-la dans un mouchoir, et tordons celui-ci en sens contraire par les deux bouts. L'orange renfermée dans l'enveloppe du mouchoir représente la boule du jaune entourée par la glaire; les deux extrémités tordues du mouchoir seront les deux cordons du blanc, les deux chalazes. Au moyen de ces deux attaches, le jaune, partie la plus importante et la plus délicate de l'œuf, est suspendu, comme dans un hamac, au centre de la glaire, sans être exposé à des déplacements qui seraient dangereux pour le germe de vie placé en un point de sa surface.

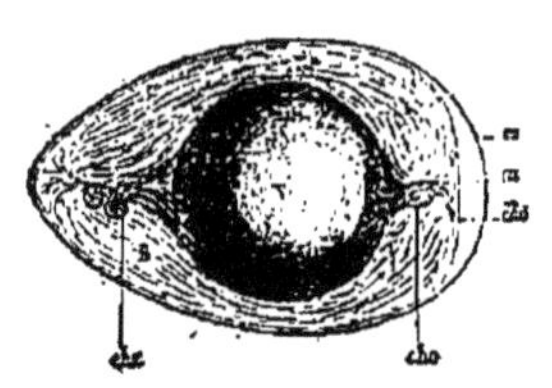

Fig. 76. — Coupe d'un œuf.

Ce hamac glaireux, avec ses deux cordons suspenseurs, a un autre rôle d'une admirable délicatesse. Les premières ébauches du poulet naissant doivent apparaître en un point du jaune. Or à mesure que le petit être se forme et grandit, il lui faut plus d'espace tout en restant étroitement enveloppé et maintenu en place, afin d'éviter le moindre trouble dans les chairs à demi fluides encore et commençant à prendre nature. Comment ces conditions se réalisent-elles dans l'œuf? Pour bien le comprendre, revenons à l'orange enveloppée d'un mouchoir tordu aux deux bouts. N'est-il pas vrai que si les extrémités se détordent un peu, l'orange, en supposant qu'elle exige petit à petit plus de large, trouvera toujours l'espace nécessaire sans cesser un instant d'être bien enveloppée et maintenue immobile? De même les cordons suspenseurs du blanc se relâchent, se détordent graduellement, à mesure que le petit oiseau grossit, aux dépens du jaune, dans son douillet hamac de glaire; le large convenable se fait, et le débile oisillon n'en reste pas moins finement emmaillotté et suspendu au centre de l'œuf, loin du dur contact de la coquille.

9. **Vitellus et cicatricule.** — Le *jaune*, appelé aussi *vitellus*, est rond et d'une vive couleur, qui lui a valu son nom. En un point de sa surface, dans le haut d'habitude, quelle que soit la position de l'œuf, se voit une tache circulaire, d'un blanc pâle, où la matière est un peu plus condensée qu'ailleurs. On l'appelle *cicatricule*. C'est là le foyer où réside l'étincelle de vie, qui, excitée par l'incubation, animera la matière de l'œuf et la façonnera en un être vivant; c'est le point de départ, l'origine, le *germe* de l'oiseau.

Le jaune lui-même est le réservoir nutritif où sont puisés les matériaux pour ce travail de création. Vivifié par la chaleur de la couveuse et par l'action de l'air, il se couvre d'un réseau de fines veines. Celles-ci se gonflent de la substance du jaune, qui s'y transforme en sang; et ce sang, amené d'ici, amené de là, devient les chairs de l'être qui se forme. Le jaune est donc la première nourriture de l'oiseau, mais nourriture que ne saisit point un bec et que ne digère point un estomac n'existant pas encore. Il se change en sang et après en chair sans le travail préparatoire de l'habituelle digestion, il imbibe directement les veines et nourrit ainsi tout le corps.

Les animaux à mamelles, les mammifères, ont aussi une nourriture du très jeune âge, le lait, indispensable au faible estomac des nourrissons. Eh bien! le jaune est pour l'oiseau dans sa coquille ce que le lait est pour l'agneau et les petits de la chatte ; c'est son laitage à lui, qui ne peut s'adresser à des mamelles maternelles. Le langage populaire a parfaitement saisi l'étroite ressemblance : on appelle *lait de poule* une boisson préparée avec le jaune d'un œuf.

CHAPITRE X

POUSSINS

1. **Incubation.** — L'oiseau qui couve s'accroupit, se couche sur ses œufs, qu'il réchauffe de sa chaleur, pendant de longs jours, avec une patience infatigable. De là, pour désigner cet acte le mot d'*incubation*, qui signifie *se coucher dessus.* Qui n'a pas vu une poule couver ignore une des plus touchantes choses de ce monde : l'attachement de l'oiseau pour ses œufs, s'oubliant lui-même jusqu'au sacrifice de sa vie. Ses yeux étincellent de fièvre, sa peau est brûlante. Le manger et le boire sont oubliés, et telle poule, pour ne pas quitter ses œufs d'un instant, se laisserait mourir de faim sur la couvée, si l'on ne venait chaque jour la lever doucement de son nid et la faire manger. D'autres, moins persévérantes, descendent d'elles-mêmes du panier, prennent à la hâte un peu de nourriture et regagnent aussitôt le nid.

Il faut de vingt à vingt et un jours pour que les poussins sortent de la coquille. Pendant tout ce temps, nuit et jour, la mère reste accroupie sur les œufs, sauf les rares moments qu'elle accorde, comme à regret, au besoin de la nourriture. Sa seule distraction en ce profond recueillement, c'est de retourner les œufs toutes les vingt-quatre heures et de les changer de place : ceux de la circonférence au centre et ceux du centre à la circonférence, afin de leur communiquer à tous une égale part de chaleur.

2. **Développement du poussin.** — Nous savons que le germe de l'oiseau est une tache circulaire, d'un blanc pâle, la cicatricule, qui, par sa mobilité, gagne toujours d'elle-même la partie supérieure, à la surface du jaune. Au bout de cinq à six heures d'incubation, on distingue déjà, au centre de la cicatricule, un petit renflement

glaireux qui sera la tête, et une ligne qui deviendra l'épine du dos. Bientôt bat, par intervalles réguliers, l'organe le plus nécessaire à la vie, le cœur, qui chasse dans un réseau de fines veines le sang petit à petit formé avec la substance du jaune, et le distribue partout pour fournir des matériaux aux organes croissants. C'est vers le second jour qu'apparaissent, pour ne plus s'arrêter désormais qu'à la mort, les premiers battements du cœur. Ainsi arrosé de chair coulante, car le sang n'est pas autre chose, l'organisation fait dès lors de rapides progrès. Les yeux se montrent et forment de chaque côté de la tête une grosse tache noire; les canons des grosses plumes germent dans leurs étuis; les écailles des pieds se dessinent en bleuâtre; les os, d'abord mous, se consolident en s'incrustant d'un peu de matière pierreuse.

Dès le dixième jour, toutes les parties du poussin sont bien formées. Le petit être, mollement suspendu dans son hamac au moyen de deux cordons suspenseurs qui se détordent peu à peu pour lui faire place à mesure qu'il grandit, est courbé sur lui-même, la tête repliée contre la poitrine et cachée sous l'aile. Remarquons que c'est précisément cette position du profond sommeil dans l'œuf, que la poule prend quand elle veut dormir. Accroupie sur le perchoir, elle plie encore la tête sur la poitrine et la cache sous l'aile, comme elle le faisait à l'état de poussin dans sa coquille.

3. **Éclosion.** — Cependant le petit oiseau grossit toujours au moyen des matériaux, tant du jaune que du blanc, qui l'imbibent, le pénètrent, et, vivifiés par l'air, deviennent son sang et sa chair. Un jour, il crève la mince membrane située sous la coque, et le voilà plus à l'aise avec le surcroît d'espace que lui cède la chambre à air. Maintenant, pour une oreille attentive de faibles pépiements s'entendent sous la coque; c'est le dix-septième ou le dix-huitième jour. Encore une paire de jours, et le poussin, réunissant ses forces, va se livrer à l'ardu travail de la délivrance.

Un durillon pointu, fait exprès, lui est né sur le haut du

bec, tout au bout. Voilà l'outil, voilà la pioche pour ouvrir la prison, outil de circonstance, de très courte durée, qui doit disparaître une fois la coquille trouée. Avec cette pioche provisoire, le poussin se met à cogner la coque ; obstinément il pousse, il choque, il gratte, jusqu'à ce que la paroi de pierre cède. Pour les vigoureux, c'est l'affaire de quelques heures. La coquille brisée, apparaît la mignonne tête du poussin, toute veloutée d'un poil follet jaune, et moite encore de l'humidité de l'œuf. La mère vient en aide et achève la délivrance.

4. **Précocité des poussins.** — Dès la sortie de l'œuf, les poussins sont capables de becqueter la nourriture, de trottiner autour de la mère, qui les conduit en gloussant. Ils ont en outre une douce fourrure de poils follets qui les habille chaudement. Cette précocité n'appartient pas, il s'en faut de beaucoup, à tous les oiseaux. Les pigeons, par exemple, sortent de l'œuf tous nus et ne savent pas manger seuls ; il faut que le père et la mère les alimentent en leur dégorgeant de la nourriture.

La fauvette, le pinson, le chardonneret, la mésange, l'alouette, le moineau, et presque tous les oiseaux des champs, ont aussi leurs petits très faibles, nus, d'abord aveugles et complètement incapables de prendre eux-mêmes la nourriture, serait-elle sous le bec. Il faut que les parents, pendant de longs jours, avec une tendresse infinie, leur apportent et leur donnent la becquée. Les petits poussins, au contraire, ramassent fort bien d'eux-mêmes à terre les graines et les vermisseaux que la poule trouve pour eux. Les petits du canard, de la dinde, de l'oie, et parmi les oiseaux sauvages, de la perdrix et de la caille, ont la même précocité que ceux de la poule. Ils sont vêtus de duvet en sortant de l'œuf et savent manger seuls.

5. **Cause de cette précocité.** — Une des causes de cette différence dans la manière dont les jeunes oiseaux se comportent aussitôt après l'éclosion provient de la grosseur de l'œuf. L'oiseau ne se forme qu'avec les matériaux contenus dans l'œuf ; plus cet œuf est gros, toute proportion gardée relativement à la taille de l'animal, plus le jeune qui en

provient est fort et développé. Aussi les espèces qui ont des œufs volumineux sont vêtues au moment de l'éclosion ; elles peuvent courir et savent manger seules. Celles dont les œufs sont relativement de petite taille naissent faibles, nues, aveugles, et réclament longtemps, immobiles dans le nid, la becquée de la mère.

6. **L'œuf le plus gros et l'œuf le plus petit.** — L'œuf le plus grand que l'on connaisse est celui d'un énorme oiseau qui vivait autrefois dans l'île de Madagascar, et dont la race paraît être aujourd'hui complètement détruite. Cet oiseau se nomme *Epyornis*. Il avait de trois à quatre mètres de hauteur et rivalisait ainsi pour la taille avec un cheval très haut de jambes, ou mieux avec l'animal à long cou nommé girafe. De semblables oiseaux devaient provenir d'œufs monstrueux ; ils le sont en effet : leur longueur est de 3 décimètres et demi, et leur capacité mesure près de neuf litres. Pour représenter l'œuf de l'épyornis, il faudrait 148 œufs de poule, douze douzaines et plus.

Fig. 77. — L'Autruche.

Des oiseaux qui vivent actuellement, le plus gros est l'autruche, commune dans l'Afrique centrale. Pour faire en grosseur un œuf d'autruche, il faudrait à peu près deux douzaines d'œuf de poule. Il va sans dire que les petits de l'autruche savent courir et manger seuls quand ils sortent de la coquille.

Voilà les œufs les plus gros, voyons les plus petits. Ce sont ceux de l'oiseau-mouche, charmante créature dont le splendide plumage ferait pâlir ce que les métaux de prix, les pierreries, les bijoux ont de plus brillant. Il y en a d'aussi petits que nos fortes guêpes, et que certaines araignées prennent dans leur filet comme les araignées de nos pays capturent les moucherons. Leur nid est une coupe de coton grande comme la moitié d'un abricot. On peut juger par là des œufs. Il en faudrait 340 pour faire un œuf de poule, et 50000 pour faire un œuf d'épyornis. Avec cette petitesse de l'œuf, les petits de l'oiseau-mouche naissent faibles, aveugles, nus, et reçoivent la becquée de la mère.

7. **Attachement de la poule pour ses poussins.** — C'est bien un des plus intéressants spectacles de la ferme que celui de la poule à la tête de ses poussins. D'un pas lent, mesuré sur la faiblesse de la couvée, elle va d'ici, puis de là, au hasard des trouvailles, toujours l'œil vigilant et l'oreille attentive. Elle glousse d'une voix enrouée par les fatigues maternelles; elle gratte pour déterrer de menus grains, que les petits viennent prendre sous son bec.

Voici qu'une bonne place est trouvée au soleil, pour se reposer de la promenade et se réchauffer. La poule s'accroupit, gonfle son plumage et soulève un peu les ailes arrondies en berceau. Tous accourent et se blottissent sous le chaud couvert. Deux ou trois mettent la tête dehors, leur jolie tête éveillée, encadrée dans le sombre plumage de la mère; l'un, dans sa hardiesse, se campe sur le dos, et, de ce poste élevé, becquette le cou de la poule; les autres, les plus nombreux, cachés dans le duvet, sommeillent ou pépient doucement. La sieste faite, on se remet en promenade, la mère grattant et gloussant, les petits trottinant autour d'elle,

Qu'est ceci? C'est l'ombre d'un oiseau de proie qui, un instant, est venue faire tache au milieu du soleil de la cour. La menaçante apparition n'a pas eu la durée d'un clin d'œil; la poule néanmoins l'a vue. Le danger presse, l'oiseau de rapine n'est pas loin. Au gloussement d'alarme, les poussins se réfugient à la hâte sous la mère, qui leur fait rempart de ses ailes. Et maintenant le ravisseur peut venir. Cette mère si faible, si timide, qu'un rien mettrait en fuite dans toute autre occasion, devient d'une imposante audace quand il s'agit de sa couvée. Que l'autour apparaisse, et la poule, ivre de tendresse et d'intrépidité, se jettera au-devant de la terrible serre. Par ses battements d'ailes, ses cris redoublés, ses furieux coups de bec, elle tiendra tête à l'oiseau de proie, qui finira par s'éloigner, rebuté par cette indomptable résistance.

L'attachement de la poule pour ses poussins se montre dans une autre circonstance fort remarquable. Comme elle est excellente couveuse on lui donne parfois à couver les œufs de la cane. La poule élève sa famille d'adoption comme sa propre famille ; elle a pour les petits canards les mêmes soins qu'elle aurait pour ses poussins. Tout va bien tant que les canetons, veloutés d'un poil follet jaune, se conforment aux avis de leur nourrice et courent sous son aile au premier cri d'appel. Mais un jour vient où leur instinct aquatique s'éveille. Ils sentent la mare, les petits canards, la mare voisine, où coasse la grenouille et frétillent les têtards. Ils y vont clopin-clopant, rangés sur une file. La poule les suit, ignorante de leur projet. Ils atteignent la mare et se jettent à l'eau. C'est alors, de la part de la poule, qui croit sa famille en danger, les gloussements les plus désespérés. Dans ses transes mortelles, la pauvre mère court, comme une folle, sur le rivage, la voix enrouée d'émotion, le plumage hérissé de frayeur. Elle rappelle, menace, supplie. Le rouge de la colère lui monte à la crête, le feu du désespoir lui allume la prunelle. Elle va même, miracle de l'amour maternel ! elle va jusqu'à risquer une patte dans l'eau, dans l'élément perfide dont la vue la fait pâmer d'effroi. Mais à toutes ses supplications, les petits canards font la sourde oreille, heureux de pourchasser, au milieu des cressons, le têtard au ventre argenté.

Peu à peu cependant, rassurée par les premiers essais, la poule conduit volontiers au bain les canetons et surveille du rivage leurs joyeux ébats.

CHAPITRE XI

MÉTAMORPHOSES DE LA GRENOUILLE, DU VER A SOIE, DE LA MOUCHE

1. **Les Batraciens.** — Avec la grenouille se classent le crapaud et la rainette, à cause d'une étroite ressemblance de formes, à cause surtout des changements profonds que ces divers animaux subissent pour arriver de l'œuf à la forme finale. On les appelle *batraciens*, expression empruntée au mot grec *batracos*, qui signifie grenouille. Ils subissent des *métamorphoses*, c'est-à-dire que la forme et la structure qu'ils ont en sortant de l'œuf, sont remplacées plus tard par une autre forme et une autre structure.

Fig. 78. — Le Crapaud.

2. **Têtards.** — La grenouille, le crapaud, la rainette sont d'abord des *têtards*, si différents de l'animal parvenu à son état parfait. Têtard ou grosse tête, voilà bien l'expression convenable pour désigner la forme initiale des batraciens. Une tête volumineuse, confondue avec le ventre rebondi, que termine brusquement une queue plate, telle est la bête en ses débuts. Aucun membre, aucun organe de mouvement, si ce n'est la queue, qui fouette l'eau pour avancer et sert à la fois de rame et de gouvernail.

Les têtards du crapaud sont petits et tout noirs; ceux de la grenouille sont beaucoup plus gros, argentés sous le ventre, grisâtres sur le dos. Tous habitent les eaux dormantes, les mares chauffées par le soleil. A ceux du crapaud, il faut des flaques peu profondes, des ornières avec quelques pouces d'eau pluviale, où ils puissent venir en noires rangées, s'étendre à plat ventre sur la tiède vase des bords ; à ceux de la grenouille, il faut de préférence des mares spacieuses, fournies d'une végétation touffue, et propices aux grands plongeons. Ils respirent l'air dissous dans l'eau comme le font les poissons, et comme eux encore, ils périssent s'ils restent un peu de temps exposés hors de l'eau. Sous le rapport de la respiration, ce sont de vrais poissons. Mais parvenus à leur forme dernière, les batraciens, au contraire, respirent l'air atmosphérique et périssent suffoqués dans l'eau. Ils ont alors la respiration des animaux aériens.

Comme nous voyons très souvent les grenouilles et les crapauds dans l'eau, aisément on se figure qu'ils peuvent y vivre indéfiniment. C'est là une erreur : ils ne vont à l'eau que pour déposer leurs œufs, pour se soustraire à un danger, pour prendre un bain en temps de fortes chaleurs ; mais ils ne sauraient y séjourner longtemps sans périr. Il faut qu'ils viennent par intervalles humer l'air à la surface, respirer, en mettant dehors au moins l'orifice des narines; s'ils sont maintenus de force sous l'eau, ils périssent. Relativement aux actes fondamenteaux de la vie, voilà une première différence bien profonde entre le têtard et le batracien adulte ; entre l'animal tel qu'il sort de l'œuf et l'animal parfait : le têtard vit dans l'eau et périt dans l'air la grenouille, qui en provient, vit dans l'air et périt dans l'eau.

3. **Différence d'alimentation entre le têtard et la grenouille.** — Le têtard se nourrit exclusivement de matières végétales. Il a la bouche armée d'une sorte de petit bec de corne pour brouter les feuilles aquatiques ; il a dans son gros ventre un intestin très long, enroulé plusieurs fois sur lui-même, pour prolonger le séjour de la maigre nourriture dans l'organe chargé d'en extraire les rares sucs nutritifs. Le batracien adulte échange ce bec de corne pour de véritables mâchoires, armées de rugosités faisant office de dents ; il se nourrit uniquement de matières animales, d'insectes surtout ; il a l'intestin court parce que les substances dont il s'alimente sont de diges-

tion aisée, et cèdent facilement ce qu'elles contiennent de nutritif.

4. **Métamorphoses du têtard.** — Pour faire du têtard grenouille ou crapaud, la métamorphose ne se borne pas à changer de fond en comble les organes qui respirent et ceux qui digèrent. D'autres organes naissent, dont l'animal, au sortir de l'œuf, n'avait pas le moindre vestige ; d'autres disparaissent sans laisser de trace. Le têtard naît absolument sans pattes. Au bout de quelque temps, les pattes postérieures lui poussent; plus tard viennent les pattes antérieures; plus tard encore la queue disparaît. Dans une mare, en temps opportun, on peut aisément constater ces divers progrès. On y trouve à la fois des têtards avec quatre

Fig. 79. — La Grenouille.

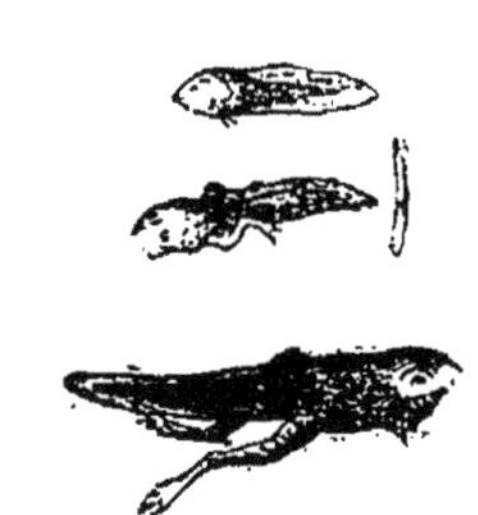

Fig. 80. — Têtard de grenouille.

pattes, d'autres avec deux seulement, d'autres enfin, plus tardifs, dépourvus de pattes.

Les quatre membres formés et convenablement fortifiés, la queue disparaît; alors l'animal n'est plus têtard, mais petit crapaud ou petite grenouille, sautillant autour de la mare natale. Comment disparaît cette queue? Se détache-t-elle toute seule, l'animal se l'arrache-t-il? Ni l'un ni l'autre. La queue est chose trop précieuse, pendant le travail de la métamorphose, pour qu'elle se perde ainsi sans profit. Il y a là des matériaux en réserve, des économies de substance propre à faire autre chose dans le corps.

Lorsque les pattes naissent, lorsque sont reconstruits sur un nouveau plan les organes qui digèrent et les organes qui respirent, ces créations nouvelles, ces retouches profondes, ne s'obtiennent pas avec rien. Il faut des matériaux de chair pour l'édifice de la vie, comme il faut des moellons pour l'édifice des maçons. Le têtard mange sans doute pour se faire de la chair et suffire aux dépenses qu'entraîne la transformation; mais ce moyen n'est pas seul : la vie démolit parcelle à parcelle les organes inutiles à l'animal futur, et en utilise, pour de nouveaux ouvrages, les matériaux rajeunis par son travail. C'est ainsi que la

Fig. 81. — La magnanerie.

queue du têtard disparaît. Le sang qui circule dans son épaisseur la ronge peu à peu, la dissout au moment opportun, et en emporte ailleurs la substance fluide, qui, de nouveau façonnée en chair et mise en place, entre dans la construction des pattes ou de toute autre partie du corps renouvelé.

5. **Le Ver à soie.** — Une chenille d'un blanc cendré, de la grosseur du petit doigt, est élevée en grand pour son cocon, avec lequel se font les étoffes de soie. On l'appelle *Ver à soie*.

Dans des chambres bien propres, sont disposées des claies de roseau, sur lesquelles on met de la feuille de mûrier et les jeunes chenilles provenant des œufs éclos en domesticité. Le mûrier est un grand arbre cultivé exprès pour nourrir les chenilles; il n'a de valeur que par ses feuilles, seule nourriture des vers à soie. On consacre à sa culture de grandes étendues, tant le travail du ver est chose précieuse. Les chenilles mangent la ration de feuilles, renouvelée fréquemment sur les claies, et changent à diverses reprises de peau à mesure qu'elles se font grandes. Leur appétit est tel, que le cliquetis des mâchoires, broutant à petites bouchées, ressemble au bruit d'une fine averse tombant, par un temps calme, sur le feuillage des arbres. Il est vrai que la chambrée contient des milliers et des milliers de vers.

Fig. 82. — Le Ver à soie.

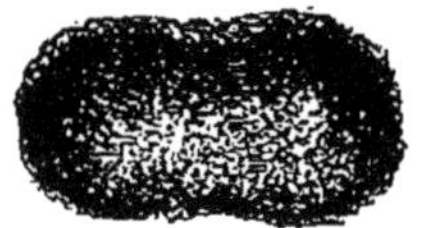

Fig. 83 — Le cocon.

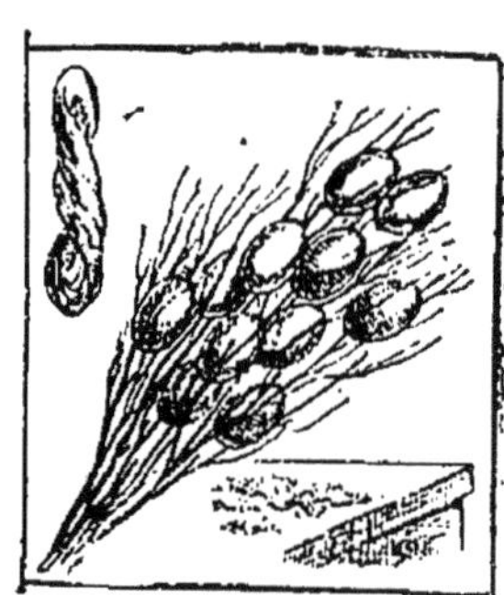

Fig. 84. — Ramée chargée de cocons.

6. **Le cocon.** — En quatre à cinq semaines, la chenille acquiert tout son développement. On dispose alors sur les claies de la ramée de bruyère, où montent les vers à mesure que leur moment est venu de filer le cocon. Ils s'établissent un à un entre quelques menus rameaux, et fixent çà et là une multitude de fils très fins, de façon à former une espèce de réseau qui les maintient suspendus et doit leur servir d'échafaudage pour le grand travail du cocon.

Le fil de soie leur sort de la lèvre inférieure par un trou appelé *filière*. Dans le corps de la chenille, la matière à soie est un liquide très épais, visqueux, semblable à une forte dissolution de gomme; elle est contenue dans deux petits sacs très longs et très étroits, entortillés sur eux-mêmes. En s'écoulant par l'orifice de la lèvre, ce liquide s'étire en fil, qui se colle aux fils précédents et durcit aussitôt.

La matière à soie n'est pas contenue telle quelle dans la feuille de mûrier que mange le ver, pas plus que le lait n'est contenu tel quel dans l'herbe que broute la vache. La chenille la produit avec les matériaux fournis par l'alimentation, comme la vache produit le lait avec la substance du fourrage. Sans l'aide de la chenille, l'homme ne pourrait jamais retirer des feuilles de mûrier la matière de ses tissus les plus précieux. Nos admirables étoffes de soie prennent réellement naissance dans le ver, qui les bave en un fil.

Revenons à la chenille suspendue au milieu de son lacis de fils. Maintenant elle travaille au cocon. Elle avance, elle recule, elle monte, elle descend, elle va de droite et de gauche, tout en laissant s'échapper de la lèvre un menu fil qui se fixe à distance autour de l'animal, se colle aux brins déjà placés, et finit par former une enveloppe continue, de la grosseur d'un œuf de pigeon.

L'édifice de soie est d'abord assez transparent pour permettre de voir travailler la chenille; mais en augmentant d'épaisseur, il dérobe bientôt aux regards ce qui se passe dedans. Ce qui suit se devine. La chenille, pendant trois à quatre jours, épaissit la paroi du cocon jusqu'à ce qu'elle ait épuisé ses provisions de liquide à soie. La voilà enfin retirée du monde, isolée, tranquille, recueillie pour le changement de forme qui va bientôt se faire.

7. **La chrysalide.** — Une fois enclose dans son cocon, la chenille se flétrit et se ride, comme pour mourir. D'abord la peau se fend sur le dos; puis, par des trémoussements répétés, qui tiraillent d'ici, qui tiraillent de là, le ver s'écorche douloureusement. Avec la peau tout vient : dure calotte de la tête, mâchoires, yeux et pattes. C'est un arrachement général. La guenille du vieux corps est enfin repoussée dans un coin du cocon.

Que trouve-t-on alors dans la cellule de soie? On trouve

un corps en forme d'amande, arrondi par un bout, pointu à l'autre, de l'aspect du cuir et nommé *chrysalide*. C'est un état intermédiaire entre la primitive chenille et le papillon qui doit en résulter. On y voit certains reliefs qui déjà trahissent les formes de l'insecte futur. Au gros bout, on distingue les cornes et les ailes appliquées en écharpe. La chrysalide est l'insecte en voie de formation, le papillon étroitement emmailloté dans des langes, sous lesquels s'achève l'incompréhensible travail qui doit changer de fond en comble la structure première.

8. **La sortie du cocon.** — En une vingtaine de jours, si la température est propice, la chrysalide du ver à soie

Fig. 85. — Le Bombyx du mûrier.

Fig. 86. — Chrysalide du Ver à soie.

Fig. 87. — Tête de papillon montrant les yeux à facettes.

s'ouvre ainsi qu'un fruit mûr, et de sa coque fendue se dégage le papillon, tout chiffonné, tout humide, pouvant à peine se soutenir sur ses tremblantes jambes. Il lui faut le grand air pour prendre des forces, pour étaler et sécher ses ailes. Il lui faut sortir du cocon, mais comment s'y prendre? La chenille a fait le cocon très solide, et le faible papillon ne possède ni griffes, ni dents qui puissent forcer la prison.

Pour percer la coquille de son œuf, le poussin possède un durillon qui lui est venu exprès au bout du bec; pour trouer la cellule de soie, le papillon a ses yeux. Les yeux des insectes sont recouverts d'une calotte de corne transparente, dure et taillée à facettes. Dans les yeux d'une mouche, on compte jusqu'à 20 000 de ces facettes; c'est dire qu'elles sont excessivement petites et très difficiles à voir sans verre grossissant. Mais si fines qu'elles soient, elles n'ont pas moins de vives arêtes, dont l'ensemble constitue au besoin une râpe. Le papillon, prisonnier dans sa demeure de soie, commence donc par humecter avec une goutte de salive le point du cocon qu'il veut entamer, et puis, appliquant un œil sur l'endroit ainsi ramolli, il tourne sur lui-même, il gratte, il lime. Un à un, les fils de soie cèdent, rompus par la râpe; le trou est fait et le papillon sort du cocon.

9. **Le papillon.** — Le papillon du ver à soie s'appelle *Bombyx du mûrier*. Il n'a rien de gracieux. Blanchâtre, ventru, lourd, il ne vole pas comme les autres, de fleurs en fleurs, car il ne prend aucune nourriture. Aussitôt sorti du cocon, il se met à pondre ses œufs; puis il meurt. Les œufs du Bombyx s'appellent vulgairement *graines*, à cause de leur ressemblance avec les graines de divers végétaux.

10. **Structure du cocon.** — Le cocon du ver à soie se compose de deux enveloppes, l'une extérieure, consistant en une sorte de gaze très lâche; l'autre intérieure, formée d'un tissu très serré. Cette dernière est le cocon proprement dit et fournit seul un fil de grande valeur ; l'autre, à cause de son irrégularité, ne peut être dévidée et ne donne qu'une soie propre à être cardée.

L'enveloppe extérieure enchevêtre ses fils aux menus rameaux entre lesquels le ver s'est établi ; elle n'est qu'une sorte de hamac à jour, où la chenille s'isole et prend appui pour le travail solide et soigné de l'enveloppe intérieure. Lorsque ce hamac est prêt, le ver se fixe aux fils avec ses pattes postérieures; il se soulève, se recourbe et porte tour à tour la tête d'un côté et d'autre en laissant couler de sa lèvre un fil, qui, par sa viscocité, adhère aussitôt aux points touchés. Sans changer de position, la chenille dépose ainsi une première couche sur la partie de l'enceinte qui lui fait face. Elle se retourne alors et tapisse un autre point de la même manière. Quand toute l'enceinte est tapissée, à la première assise en succèdent d'autres, cinq, six et davantage, jusqu'à ce que les réservoirs de la matière à soie se trouvent épuisés, et que l'épaisseur de la paroi soit suffisante pour la sécurité de la future chrysalide.

D'après la manière dont la chenille travaille, on voit que le fil ne s'enroule pas circulairement comme celui d'une pelote, mais se distribue en une suite de zigzags, d'avant en arrière et de droite à gauche. Malgré ses changements brusques de direction et malgré sa longueur, mesurant de 300 à 350 mètres, ce fil n'est jamais interrompu. La chenille le produit d'un jet continu, sans suspendre un instant le travail de la filière tant que le cocon n'est pas achevé. Son poids est en moyenne de un décigramme et demi ; il suffirait donc de 15 à 20 kilogrammes de ce fil pour fournir une longueur de 10 000 lieues, ce qui est le tour de la terre.

11. **Dévidage du cocon.** — Le fil du cocon est un tube excessivement fin, aplati, irrégulier à la surface et composé de trois couches distinctes. La couche centrale est de la soie pure. Au-dessus est un vernis inattaquable par l'eau chaude, mais qui disparaît dans une faible lessive ; enfin, à la superficie est un enduit gommeux, qui agglutine fortement entre eux les zigzags du fil et forme de leur ensemble une solide paroi.

Dès que le travail des chenilles est fini, on recueille les cocons sur la ramée de bruyère. Quelques-uns, les plus sains, sont mis à part et abandonnés à la métamorphose. Leurs papillons donnent des œufs ou graines, d'où proviendra, l'année suivante, la nouvelle chambrée de vers. Sans retard, les autres sont exposés dans une étuve à l'action de la vapeur brûlante. On tue ainsi les chrysalides, dont les tendres chairs, lentement, prenaient forme. Si l'on négligeait cette précaution, le papillon percerait le cocon, qui, ne pouvant se dévider à cause de son fil rompu, perdrait presque toute sa valeur.

Le dévidage se fait dans des ateliers nommés *filatures*. On met les cocons dans une bassine d'eau bouillante pour dissoudre la gomme qui agglutine les divers tours. Une ouvrière, armée d'un petit balai de bruyère, les agite dans l'eau pour trouver et saisir le bout du fil, qu'elle met sur un dévidoir en mouvement. Entraîné par la machine, le filament de soie se développe, tandis que le cocon sautille dans l'eau chaude comme un peloton de laine dont on tirerait le fil. Au centre du cocon épuisé, il reste la chrysalide infecte tuée par le feu.

Comme un seul fil ne serait pas assez fort pour la fabrication des tissus, on dévide à la fois plusieurs cocons, de trois à quinze et même au delà, suivant la solidité des étoffes auxquelles la soie est destinée. Ce faisceau de plusieurs brins est employé plus tard comme un seul fil par les machines de tissage.

12. **Métamorphoses de la Mouche.** — La mouche commune, hôte importun de nos habitations, débute, à l'éclosion de l'œuf, par l'état de vermisseau blanchâtre, pointu à l'extrémité antérieure, renflé et comme tronqué à la partie postérieure. Ce vermisseau, dépourvu de pattes, ne se traîne qu'en rampant. On lui voit, à l'extrémité pointue, une sorte de pioche à deux branches, c'est-à-dire deux petits crochets bruns, que l'animal fait saillir au dehors, ou rentre dans la bouche à son gré. C'est là son instrument de fouille pour attaquer et dépecer sa nourriture, consistant en matières corrompues. Ce ver habite les immondices, les fumiers, les tas de balayures et tous les amas de matières en décomposition. Au bout de quelques semaines, son corps se raccourcit, sa peau durcit en prenant la coloration brune du cuir, et le ver devient ce qu'on appelle une *pupe*. Figurons-nous un petit cylindre d'un centimètre au plus de longueur, arrondi aux deux bouts, couleur du cuir tanné, immobile tout autant que la semence d'une plante, de la grosseur à peu près d'un grain de froment, voilà la pupe de la mouche, l'état qui, pour cet insecte, est ce que la chrysalide est par rapport au ver à soie. Ici pas de cocon protecteur. Quand le moment de la transformation est venu, le ver s'enfouit

Fig. 88 et 89. — Une Mouche et sa pupe.

7.

dans la poussière, en un endroit à chaude exposition, et, sans autre abri que la terre qui le couvre, éprouve ses métamorphoses.

Dans les beaux jours de l'été, le reste de la transformation rapidement progresse. Une semaine, deux au plus s'écoulent, et la pupe s'ouvre pour donner issue à la mouche, parvenue à son état parfait, pourvue de deux ailes et telle enfin que nous la connaissons. L'insecte vit alors dans nos habitations, prélevant sa nourriture sur nos vivres. Le moment de la ponte vient bientôt, la mouche va déposer ses œufs sur les immondices, où les larves trouveront à se développer. C'est ainsi que les générations se succèdent pendant toute la belle saison, fournissant sans discontinuer à nos demeures des nuées de parasites. Puis les froids arrivent, et les mouches périssent. Mais des pupes restent, ensevelies au chaud dans quelques endroits abrités; elles éclosent au retour de la chaleur et le même ordre de choses recommence.

Fig. 90. — Papillon du chou.

Fig. 91. — Chenille du Papillon du chou et sa chrysalide.

13. **Métamorphoses des insectes en général.** — Comme le font le bombyx du mûrier et la mouche, la plupart des insectes passent par divers états, si différents entre eux, qu'il serait impossible d'y reconnaître le même animal si l'observation directe n'en fournissait la preuve. Ces états sont au nombre de quatre : l'*œuf*, la *larve*, la *nymphe* et l'*insecte parfait*.

Le premier état, l'œuf, n'a pas besoin d'autres explications. Disons seulement que les insectes font leur ponte, avec une admirable prévoyance, en des points où les jeunes soient assurés de trouver de la nourriture, fort souvent très différente de celle dont s'alimente la mère.

A la sortie de l'œuf, l'insecte est une sorte de ver, mou, allongé, tantôt sans pattes, tantôt pourvu de membres courts qui n'annoncent en rien les pattes futures. Les ailes sont toujours absentes. La bouche est presque toujours armée de crocs robustes, quel que soit le régime futur. L'insecte porte alors le nom de *larve*, ou bien celui de *chenille*, s'il appartient à la catégorie des papillons. Le ver par lequel débute la mouche est une larve; et le ver à soie est la chenille ou larve du Bombyx de mûrier. Dans cette période, l'animal mange avec voracité, et éprouve, à mesure qu'il grossit, des changements de peau ou *mues*. L'état de larve se prolonge, suivant l'espèce, des semaines,

Fig. 92.—Dermeste, insecte qui ronge le lard.

Fig. 93.—Nymphe du Dermeste.

des mois, et même plusieurs années. Finalement, la larve se prépare un abri tranquille pour y subir ses métamorphoses.

Mille méthodes sont en œuvre pour la préparation de ce gîte. Certaines larves, comme celles de la mouche, s'enfouissent simplement sous terre; d'autres, comme celles du hanneton, s'y construisent des niches à parois polies. Il y en a qui se façonnent un abri avec des feuilles sèches; il y en a qui savent agglutiner en boule creuse des grains de sable, du bois pourri, du terreau. Celles qui vivent dans les troncs d'arbre, bouchent en arrière, avec un tempon de sciure de bois, la galerie qu'elles se sont creusée; celles qui vivent dans le blé rongent toute la partie farineuse du grain et respectent l'enveloppe, le son qui doit leur servir de berceau. D'autres, moins précautionnées, s'abritent dans quelque ride d'une écorce, dans quelque fente de mur et s'y fixent au moyen d'un cordon qui les ceint par le travers du corps. Mais c'est surtout dans la confection de la cellule de soie appelée cocon, que se montre l'industrie des larves. Ce que nous venons d'apprendre au sujet du ver à soie nous dispense d'insister sur ce point. Bornons-nous à dire que si quelques larves, quelques chenilles font leur cocon avec de la soie pure, il n'en manque pas qui associent diverses matières au peu de soie dont elles disposent.

C'est ainsi que les chenilles velues mettent à profit leurs poils, qui se détachent alors sans difficulté, et les entremêlent avec des fils soyeux pour fabriquer une sorte de feutre. D'autres font entrer dans le cocon une grossière filasse

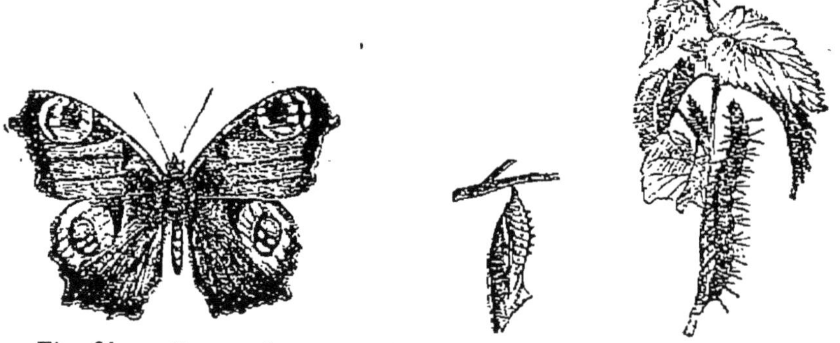

Fig. 94. — Vanesse Io. Fig. 95. — Sa chrysalide. Fig. 96. — Sa chenille.

formée de parcelles de bois ; d'autres encore gâchent de la terre pour crépir les parois trop minces de leur cellules.

Une fois enclose dans sa retraite, la larve se flétrit et se ride. D'abord la peau se fend ; puis le ver rejette sa dépouille. Alors apparait la *nymphe*, sans ressemblance aucune avec la larve d'où elle provient. C'est un corps inerte, immobile, tendre, blanc ou même transparent par places comme du cristal. Les diverses parties de la tête, les ailes, les pattes, délicatement repliées sur les flancs, sont très reconnaissables ; mais tout cela est d'une délicatesse extrême, en voie de formation. C'est l'insecte comme étroitement emmaillotté dans des langes. Les papillons à l'état de nymphe se désignent sous le nom de *chrysalides*, et les mouches sous le nom de *pupes*. Dans ces deux cas, les différences d'aspect avec l'insecte parfait sont encore plus grandes.

Enfin, après un laps de temps plus ou moins considérable, variant de quelques jours à des années, la nymphe rompt ses langes, les rejette, et l'insecte est désormais en son état parfait. Après la métamorphose, l'insecte est tel qu'il doit rester jusqu'à la fin. Il ne grossit plus une fois qu'il possède la forme finale; aussi certaines espèces, le papillon de ver à soie, par exemple, ne prennent aucune nourriture. Seule, la larve grandit. Toute faible et petite au sortir de l'œuf, elle acquiert peu à peu une grosseur en rapport avec l'insecte futur, ce qui nécessite souvent plusieurs années. De là résulte que la larve vit bien plus longtemps que l'insecte parfait. A l'état de larve, le hanneton, par exemple, vit trois ans sous terre, creusant des galeries et rongeant des racines; sous sa forme parfaite, il ne vit que deux ou trois semaines, juste le temps de pondre ses œufs.

CHAPITRE XII

LA CHASSE ET LA PÊCHE

1. **Chasseur, pasteur, agriculteur.** — Dans les commencements, l'homme a vécu surtout de chasse, comme le font encore aujourd'hui les dernières peuplades sauvages. Le troupeau, la culture, l'industrie, tout était inconnu. La bête fauve, traquée dans les bois avec des armes en pierre et des bâtons pointus, était à peu près l'unique ressource : sa chair donnait la nourriture; sa peau le vêtement. A cette vie périlleuse, regorgeant un jour d'abondance, consumée par la famine un autre jour, suivant les chances de la poursuite du gibier, succéda la vie pastorale, qui affranchissait l'homme de la faim et lui donnait

le loisir de la réflexion pour améliorer son état. Le troupeau fut créé, donnant le laitage et la chair pour se nourrir, la chaude laine pour se vêtir. Alors, débarrassé du terrible souci du manger quotidien, l'homme s'avisa de fouiller la terre et de lui faire produire du grain. L'agriculture naquit, et avec elle, petit à petit, la civilisation. Par la force même des choses, l'homme, en tout pays, est donc chasseur en ses débuts; plus tard, il devient pasteur, et enfin agriculteur.

Aujourd'hui, dans les pays civilisés, la chasse, première nourrice de l'homme, n'apporte qu'une bien faible part à l'alimentation; le gibier se fait d'une année à l'autre plus rare, impossible qu'il est au milieu de nos champs cultivés. Elle est un délassement, un exercice hygiénique, bien plus qu'un travail capable d'augmenter, dans de notables proportions, la quotidienne nourriture. D'autre part, l'homme doit songer à sa propre défense et à celle de ses troupeaux contre la dent et la griffe des animaux dangereux; de là un autre genre de chasse fréquente encore dans bien des pays, mais qui chez nous se réduit à quelques battues contre le loup. Citons un exemple de chacune de ces chasses, et choisissons des animaux de grande taille : le sanglier, dont la venaison paraîtra sur nos tables, et le lion, bête de proie à détruire.

2. **Chasse au Sanglier.** — La chasse au sanglier n'est pas sans péril. Quand il se voit traqué de trop près par la meute à sa poursuite, l'animal prend refuge dans quelque épais fourré de ronces et de houx, et s'ouvre un passage à travers le rempart d'épines, où tout autre que lui n'oserait pénétrer. Par la voie frayée, les chiens s'élancent. Ils sont huit, ils sont douze, ils sont quinze; n'importe : le sanglier attend de pied ferme ses nombreux assaillants.

Acculé contre une souche noueuse, qui le protège en arrière, il aiguise ses défenses et fait claquer ses mâchoires, d'où s'écoule la bave. Sa crinière se hérisse sur la hure et sur le dos; ses petits yeux, enflammés de fureur, ressemblent à deux charbons rouges. Les plus hardis se précipitent pour le saisir aux oreilles; il les disperse de quelques coups de boutoir distribués avec une foudroyante promptitude. Les uns retombent avec le ventre ouvert, d'où s'épanchent les entrailles traînant sur les buissons ; les autres ont un membre cassé, une épaule disloquée ou tout au moins la peau fendue d'une boutonnière. Les mourants étirent les pattes dans les dernières convulsions de l'agonie, les blessés hurlent de douleur ; les moins éclopés font prompte retraite.

Mais des renforts arrivent, ramenant les fuyards à la charge. C'est alors, dans l'épaisseur des ronces, un vacarme indescriptible. Aux cris de la meute qui hurle, aboie, gémit sur tous les tons, aux grognements de rage de la brute, se mêlent le bruit des broussailles cassées dans la bagarre et l'aigre voix des pies, accourues au tumulte et caquetant du haut des chênes sur l'événement insolite. Le sanglier sort enfin du fourré ; ivre de carnage, il poursuit à son tour. Malheur alors au chasseur novice qui perdrait sa présence d'esprit, ou dont l'arme manquerait le but : il pourrait payer de sa vie son imprudence ou sa maladrese. Mais une balle, adroitement dirigée entre les deux yeux de la bête, met fin à une lutte où les meilleurs chiens de la meute ont déjà péri : ou bien encore, des gens, au mâle courage, vont droit à la bête furibonde et lui plongent au cœur le coutelas de chasse.

Fig. 97. — Chasse au Sanglier.

Mais d'habitude les choses se passent avec moins de péril et sans cet atroce éventrement de chiens, jeu de grand seigneur. Embusqué en un lieu sûr, le chasseur attend le sanglier au passage et lui envoie une paire de balles. Tout se borne là. Si l'attaque a moins d'apparat, du moins elle épargne la vie des chiens et ne met pas en danger celle de l'homme.

Le sanglier est une pièce de gibier comme nos bois n'en fournissent pas de pareille. La bête atteint jusqu'au poids de 200 kilogrammes. Il y a là de quoi festoyer; d'autant plus que la chair est excellente. Le morceau d'honneur est la tête, autrement dit la hure.

3. **Chasse au Lion.** — Nous empruntons le récit suivant à un célèbre tueur de lions, Jules Gérard.

A cinq heures du soir, j'arrivai à un douar des Ouled-Bou-Azizi, situé à une demi-lieue du repaire de ma bête qui, au dire des vieillards, avait élu domicile dans la montagne voisine depuis plus de trente ans. J'appris en arrivant que, tous les soirs, au coucher du soleil, le lion rugissait en quittant son repaire, et qu'à la nuit il descendait dans la plaine, toujours rugissant. Sa rencontre me parut presque infaillible; aussi m'empressai-je de charger les deux fusils que j'avais. A peine avais-je terminé cette opération, que j'entendis rugir le lion dans la montagne. Mon hôte s'offrit de m'accompagner jusqu'au gué que le lion devait franchir en quittant la montagne. Je lui donnai mon second fusil et nous partîmes.

Fig. 98. — Chasse au Lion.

Il faisait noir à ne pas se voir à deux pas. Après avoir marché pendant un quart d'heure environ à travers bois, nous arrivâmes sur le bord d'un ruisseau qui roule au pied de la montagne. Mon guide, très ému par les rugissements qui se rapprochaient, me dit : « Le gué est là. » — Je cherchai à reconnaître la position; tout, autour de moi, était noir ; je ne voyais même pas mon Arabe qui me touchait. Ne pouvant rien distinguer par les yeux, je me mis à descendre jusqu'au ruisseau pour reconnaître, en tâtant avec la main, quelque voie de cheval ou de troupeau. C'était bien un gué très encaissé et dont les abords étaient difficiles.

Ayant trouvé une pierre qui pouvait me servir de siège, tout à fait au bord du ruisseau et un peu en dehors du gué, je renvoyai mon guide, qui ne demandait pas mieux. Pendant que je cherchais à prendre connaissance du terrain, il

Fig. 99. — Chasse au Tigre.

ne cessait de me dire : — « Rentrons au douar, la nuit est trop noire, nous chercherons le lion demain pendant le jour. »

N'osant se rendre au douar tout seul, il se blottit dans un massif de lentisques, à une cinquantaine de pas de moi. Après lui avoir ordonné de ne pas bouger quoi qu'il pût entendre, je pris position sur ma pierre.

Le lion rugissait toujours et se rapprochait. Ayant tenu mes yeux fermés pendant quelque temps, je finis par voir, en les ouvrant, qu'à mes pieds était un talus vertical créé sans doute par un débordement du ruisseau qui coulait à plusieurs mètres plus bas ; à ma gauche et au bout du canon de mon fusil, se trouvait le gué. Mon plan fut aussitôt arrêté. S'il m'était possible de voir le lion dans le lit du ruisseau, je devais le tirer là, le talus pouvant me sauver, si j'étais asssez heureux pour le blesser grièvement.

Il pouvait être neuf heures, quand un rugissement se fit entendre à cent mètres au delà du ruisseau. J'armai mon fusil, et, le coude sur le genou, la crosse à l'épaule, les yeux fixés sur l'eau, que je distinguais par moments, j'attendis.

Le temps commençait à me paraître long, quand, de la rive opposée du ruisseau et juste en face de moi, s'échappa un soupir long, guttural, qui avait quelque chose du râle d'un homme à l'agonie. Je levai les yeux dans la direction de ce son étrange, et j'aperçus, braqués sur moi comme deux charbons ardents, les yeux du lion. La fixité de ce regard fit refluer vers mon cœur tout ce que j'avais de sang dans les veines. Une minute avant, je grelottais de froid ; maintenant la sueur ruisselait sur mon front.

Quiconque n'a pas vu un lion adulte à l'état sauvage peut croire à la possibilité d'une lutte corps à corps à l'arme blanche avec cet animal ; celui qui en a vu un, sait que l'homme aux prises avec le lion est la souris dans les griffes du chat. J'avais déjà tué deux lions : le plus petit pesait cinq cents livres ; il avait, d'un coup de griffe, arrêté un cheval au galop ; cheval et cavalier étaient restés sur place. Depuis cette époque, je connaissais suffisamment leurs moyens pour savoir à quoi m'en tenir. Aussi le poignard n'a jamais été, dans mon esprit, une arme de salut.

Mais voici ce que je me disais : Dans le cas où une ou deux balles ne tueraient pas le lion, chose très possible, quand il bondira sur moi, si je résiste au choc, je ferai en sorte de lui faire avaler mon fusil jusqu'à la crosse ; puis, si ses griffres puissantes ne m'ont ni terrassé, ni harponné, je jouerai du poignard dans la région du cœur.

Je venais donc de tirer mon poignard du fourreau et de

le planter dans la terre, à portée de la main, quand les yeux du lion commencèrent à descendre vers le ruisseau. Je fis mentalement mes adieux et la promesse de bien mourir à ceux qui me sont chers, et, lorsque mon doigt chercha doucement la détente, j'étais moins ému que le lion qui allait se mettre à l'eau.

J'entendis son premier pas dans le ruisseau, qui courait rapide et bruyant ; puis... plus rien. S'était-il arrêté ? Montait-il vers moi? Voilà ce que je me demandais en cherchant à percer le voile noir qui enveloppait tout autour de moi, lorsqu'il me sembla entendre, là, tout près, à ma gauche, le bruit de son pas dans la boue. Il était, en effet, sorti du ruisseau et montait doucement la rampe du gué, lorsque le mouvement que je venais de faire le fit s'y arrêter.

Il était à quatre ou cinq pas de moi et pouvait arriver d'un bond. Il est inutile de chercher le guidon lorsqu'on ne voit pas le canon de son fusil. Je tirai au juger. Au coup de feu, je vis une masse énorme, sans forme aucune et à tous crins. Un rugissement épouvantable déchira l'air, le lion était hors de combat. Au premier cri de douleur succédaient des plaintes sourdes, menaçantes. J'entendis l'animal se débattre dans la boue, sur le bord du ruisseau; puis il se tut.

Le croyant mort, ou tout au moins hors d'état de se tirer de là, je rentrai au douar avec mon guide, qui, ayant tout entendu, était persuadé que le lion était à nous. Il va sans dire que je ne fermai pas l'œil de la nuit.

A la pointe du jour, nous arrivâmes au gué, point de lion. Un os, gros comme le doigt, que nous trouvâmes au milieu du sang que l'animal avait perdu en abondance, me fit juger qu'il avait une épaule cassée. Nous suivîmes en vain ses traces par le sang, le ruisseau qu'il avait descendu nous les fit perdre ce jour-là.

Le lendemain, les Arabes du pays vinrent me proposer de le chercher avec moi. Nous étions soixante, les uns à pied, les autres à cheval. Après quelques heures de recherches inutiles, je rentrai au douar et me disposais à partir, quand j'entendis plusieurs coups de feu et des hourras du côté de la montagne. Il n'y avait pas à en douter, c'était mon lion. Je partis au galop.

Les Arabes fuyaient dans toutes les directions en criant comme des forcenés. Quelques-uns avaient mis le ruisseau entre le lion et eux; d'autres, plus hardis parce qu'ils étaient à cheval, l'ayant vu se traîner avec peine vers la montagne qu'il cherchait à gagner, s'étaient réunis au nombre de dix, pour l'achever, disaient-ils. Le cheik les commandait. Je venais de passer le ruisseau et j'allais descendre de cheval, lorsque je vis les cavaliers, le cheik en tête, tourner bride au galop de charge.

Le lion, avec ses trois jambes, franchissait derrière eux et mieux qu'eux les rochers et les lentisques, et poussait des rugissements qui mirent les chevaux dans un état tel, que les cavaliers n'en étaient plus maîtres. Les chevaux couraient toujours, mais le lion s'était arrêté dans une clairière, fier et menaçant. Qu'il était beau avec sa gueule béante, jetant à tous ceux qui étaient là des menaces de mort! Qu'il était beau avec sa crinière hérissée, avec sa queue qui frappait ses flancs de colère!

De la place où j'étais au lion, il pouvait y avoir trois cents pas. Je mis pied à terre et appelai un des Arabes qui se tenaient à l'écart, pour prendre mon cheval. Plusieurs accoururent, et force me fut, pour ne pas être remis sur mon cheval et emmené au loin, de laisser entre leurs mains le burnous par lequel ils me tenaient. Quelques-uns essayèrent de me suivre pour me dissuader; mais à mesure que j'avançais vers le lion, leur nombre diminuait. Un seul resta, c'était mon guide du premier jour; il me dit :

« Je t'ai reçu sous ma tente, je réponds de toi devant Dieu et devant les hommes; je mourrai avec toi. »

Le lion avait quitté la clairière pour s'enfoncer dans un massif à quelques pas de là. Marchant avec précaution, toujours prêt à faire feu, j'essayai en vain de suivre ses traces; le sol était rocailleux et l'animal ne laissait plus de sang. Je venais de fouiller un à un les arbres du massif, lorsque mon guide, qui était resté au dehors, me dit : « La mort ne veut pas de toi : tu as passé près du lion à le toucher. Si tes yeux s'étaient rencontrés avec les siens, tu étais mort avant d'avoir pu faire feu. »

Je lui ordonnai de jeter des pierres dans le repaire. A la première qu'il jeta, un lentisque s'ouvrit, et le lion, après avoir regardé de tous côtés, fit un bond vers moi. Il était à dix pas, la queue droite, la crinière sur les yeux, le cou tendu, la jambe cassée pendante. Dès qu'il avait paru, je m'étais assis, cachant derrière moi l'Arabe, qui me gênait par les : *Feu! feu! feu donc!* qu'il mêlait à ses prières. A peine avais-je épaulé mon fusil, que le lion se rapprocha par un petit bond de quatre à cinq pas qui allait probablement être suivi d'un autre, lorsque, frappé à un pouce au-dessus de l'œil droit, il tomba.

Fig. 100. — Pêcheurs préparant la Morue.

Mon Arabe rendait déjà grâces à Dieu, quand le lion se mit sur son séant, puis se leva debout sur ses jarrets comme un cheval qui se cabre. Une autre balle, plus heureuse, trouva le cœur et le renversa, cette fois raide mort.

4. **Pêche de la Morue.** — Si maintenant la chasse ne fournit à l'alimentation que de médiocres ressources, il n'en est pas de même de la pêche, à cause des inépuisables populations des mers. Disons quelques mots des deux poissons, la morue et le hareng, qui fournissent la majeure part de nos provisions alimentaires marines.

Au sein des eaux de la mer, la morue est un superbe poisson. Pour la conserver et en faire provision de longue durée, les pêcheurs lui enlèvent la tête, de trop peu de valeur à cause de ses os ; puis il fendent le corps tout le long du ventre, rejettent les entrailles, et étalent les deux moitiés charnues, dont l'ensemble forme une plaque large d'un bout et amincie de l'autre. Enfin ils salent fortement leur pêche et la dessèchent au soleil. La morue nous arrive donc toute déformée et presque méconnaissable.

C'est néanmoins un poisson de toute beauté. Le dos et les flancs sont d'un gris bleuâtre, avec de nombreuses mouchetures d'un rouge doré, semblables à celles dont la truite est ornée dans nos ruisseaux d'eau vive. Le ventre est d'un blanc d'argent. La mâchoire supérieure est proéminente ; de l'inférieure pend un barbillon en forme de ver. La bouche est armée d'une multitude de dents fines et pointues, qui hérissent, non seulement les mâchoires, mais aussi les chairs jusque tout au fond du gosier. Aussi la morue est-elle des plus voraces, toujours en quête de nourriture, insatiable dans son appétit. Elle se nourrit d'autres poissons plus faibles qu'elle. C'est le plus redoutable ennemi du menu fretin, dont elle fait consommation énorme.

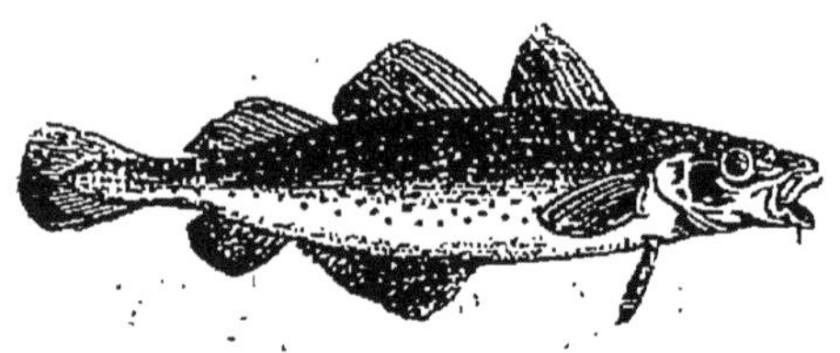
Fig. 101. — La Morue.

Mais si elle est la terreur des faibles, elle est livrée à son tour en pâture à de nombreux dévorants. A certaines époques de l'année, les morues s'assemblent en troupes innombrables et accomplissent de longs voyages pour déposer leurs œufs aux lieux propices. Les affamés de la mer entourent la caravane des poissons ; les affamés du ciel planent sur son parcours ; les affamés de la terre l'attendent au rivage. L'homme accourt prélever sa part ; il équipe des flottes, il vient aux poissons avec des armées navales où toutes les nations ont leurs représentants : il dessèche au soleil, il sale, il enfume, il met en tonnes, il empaquette en ballots. Il périt ainsi chaque année des millions et des millions de morues, par l'hameçon de l'homme, le bec des oiseaux de proie et la féroce gueule des poissons de rapine. Avec pareille extermination, la ruine des morues semblerait imminente, et cependant cela s'y connaît à peine ; l'année d'après, les morues reprennent leur voyage aussi nombreuses que jamais, tant la fécondité de ce poisson est prodigieuse. Une morue pond jusqu'à neuf millions d'œufs.

L'un des rendez-vous favoris des bandes de morues est le voisinage de Terre-Neuve, grande île des mers qui baignent les côtes orientales de l'Amérique du Nord. A proximité de cette île, est une vaste étendue de mer peu profonde appelée *Banc de Terre-Neuve*. Là se rendent dans la belle saison, attirées par une abondante pâture, des myriades de morues venues des profondeurs des mers arctiques. Là se rendent aussi des pêcheurs de toutes les nations.

Ce n'est plus ici la mesquine pêche que nous voyons pratiquer au bord de nos rivières; on n'attend pas des heures, sous l'ombrage d'un saule, qu'un mauvais carpillon vienne mordre l'hameçon amorcé d'un ver, trop heureux encore quand on s'en revient avec une douzaine de menus poissons couchés sur un lit de jonc au fond d'un panier. La pêche à Terre-Neuve marche autrement vite. Pour sa part, la France expédie chaque année de quatre à cinq cents navires avec un équipage d'une quinzaine de mille hommes, pour les diverses grandes pêches, dont celle de la morue est la principale et occupe le plus de monde. Figurons-nous en même temps des Hollandais, des Danois, des Suédois, des Anglais, des Américains et tant d'autres, tous accourus avec des flottes montées par une armée de pêcheurs, et nous nous ferons une idée du mouvement qui règne alors à Terre-Neuve.

Dès la pointe du jour, les canots quittent le navire et vont prendre place, qui d'un côté, qui de l'autre, aux endroits favorables. De droite et de gauche de l'embarcation pendent les lignes, solides cordons de chanvre dont l'extrémité porte un croc de fer ou hameçon recouvert d'un appât, consistant soit en un petit poisson, soit en un lambeau d'entraille des morues prises la veille. Les voraces morues accourent à la vue de ces victuailles, et gloutonnement, en une fois, avalent tout, croc et appât. Le pêcheur retire à lui le cordon, et la capture suit, le gosier transpercé par l'hameçon. A peine la ligne, de nouveau amorcée, est-elle rejetée à l'eau, qu'une autre morue est prise. Des deux côtés de l'embarcation, chaque homme surveille ses lignes et ne discontinue pas de renouveler l'appât, de lancer son cordon en mer et de le tirer avec une morue au bout. Le soir venu, le canot est plein jusqu'aux bords de grands et beaux poissons, ayant en moyenne 1 mètre de longueur et un poids de 7 à 8 kilogrammes.

Remplies jusqu'à couler, les embarcations regagnent leurs navires respectifs. Là se fait la préparation des poissons. Avec un large coutelas, un pêcheur tranche la tête; un autre fend en long, suivant la ligne du ventre, les morues décapitées; un troisième extrait les entrailles, en ayant soin de mettre à part le foie; un quatrième les aplatit; un cinquième les frotte abondamment de sel et les empile.

Des foies recueillis, on remplit un tonneau qu'on laisse exposé à l'air. Bientôt la pourriture gagne la masse, et il surnage une graisse liquide que l'on nomme huile de foie de morue. Cette huile est soigneusement recueillie, car elle est d'un grand recours en médecine.

5. **Pêche du Hareng.** — Au printemps, arrivent des mers polaires ou remontent des grandes profondeurs de la mer, d'immenses réunions de harengs, serrés l'un contre l'autre jusqu'à se toucher presque. La couche de poissons est profonde de plusieurs centaines de pieds, et couvre la mer dans une étendue de quelques lieues. Son arrivée s'annonce par des nuées d'oiseaux de rapine, qui planent au-dessus de la multitude émigrante, l'accompagnent à grands cris et vivent à ses dépens.

Les premières colonnes se montrent sur les côtes de l'Islande, qu'elles enveloppent de toutes parts; d'autres légions longent les côtes de la Norwège et pénètrent dans la Baltique; d'autres visitent le littoral de l'Angleterre et de la France. L'apparition soudaine de ces prodigieux bancs de poissons, là où d'abord ne se trouvait pas un seul hareng, a pour cause le dépôt des œufs, qui doit être fait en des eaux peu profondes et attiédies par les rayons du soleil. Afin d'obtenir lumière et chaleur, les harengs, d'après les uns, remontent des abîmes de l'océan ; d'après les autres, ils quittent leurs retraites sous les glaces du pôle, et vont au sud chercher un climat plus doux. Le frai, c'est ainsi qu'on appelle les œufs des poissons, est si abondant, qu'il recouvre parfois la mer aussi loin que la vue peut porter; à distance, les flots semblent bercer une épaisse couche de sciure de bois. L'époque de la ponte passée, les harengs disparaissent aussi brusquement qu'ils étaient venus.

Ce que l'on prend de harengs est incalculable. On estime que les pêcheurs d'une seule ville de Suède, Gothembourg, chiffrent leur pêche annuelle par sept cent millions et plus de harengs. Que doit-ce être quand une majeure partie de l'Europe, le nord de l'Asie et de l'Amérique, prennent part à la pêche ! Le dénombrement total devient alors fabuleux.

Fig. 102. — La pêche du Hareng.

Les moyens de pêche sont bien plus expéditifs que celui de la ligne employée pour la morue. Les harengs sont si pressés l'un contre l'autre lorsqu'ils voyagent en bandes, qu'il suffirait de jeter un baquet dans la mer pour le retirer plein de poissons. Les engins usités consistent en filets énormes d'étendue, car ils mesurent jusqu'à 1200 mètres de longueur. Ils sont tendus verticalement dans la mer, le bord inférieur alourdi par des pierres, le bord supérieur maintenu à la surface par des barils flottants. Par cette disposition, ils forment comme une vaste muraille qui barre le passage aux harengs. Ceux-ci arrivent, sans pouvoir reculer devant l'obstacle, poussés qu'ils sont par les rangs suivants ; ils engagent la tête dans les mailles, trop étroites pour le corps, et restent pris par les fils engagés derrière les ouïes. Quand les pêcheurs retirent leurs filets, chaque maille a son poisson.

Sans retard, la pêche est soumise aux préparations qui doivent la conserver. Les harengs sont ouverts, vidés, lavés, et mis tremper dans une saumure, c'est-à-dire dans une forte dissolution de sel. Au bout d'une quinzaine d'heures on les retire, on les met égoutter, et finalement on les empile dans des tonneaux par lits réguliers. Le résultat de cette préparation se nomme *hareng blanc*, parce que le poisson, simplement salé et mis en tonneau, conserve sa couleur argentée.

Une autre préparation donne les *harengs saurs*, reconnaissables à leur teinte jaune dorée et à leur odeur de fumée. Le poisson frais est d'abord salé fortement par un séjour d'une trentaine d'heures dans la saumure; puis on l'embroche par les ouïes à des menues branches et on l'expose à la fumée dans des espèces de cheminées où l'on brûle du bois vert donnant peu de flamme et des torrents de fumée.

CHAPITRE XIII

ANIMAUX NUISIBLES

1. **Les grands animaux de proie.** — En tête des animaux nuisibles sont les grandes espèces carnassières qui mettent en péril la vie de l'homme lui-même. Ce sont, dans les pays chauds, le tigre, le lion, le jaguar, la panthère, dont nous avons déjà dit quelques mots. Nos régions, à climat trop froid, et surtout débarrassées par les progrès de la civilisation des animaux redoutables qui pouvaient autrefois les habiter, n'ont rien de comparable à ces terribles carnassiers. Dans quelques recoins de nos Pyrénées et de nos Alpes, il reste encore l'ours, bien moins à craindre, car sa nourriture est surtout végétale. Le loup, encore assez abondant, assez audacieux pour attaquer l'homme lorsque la faim le presse, et dans tous

les temps ravageur de nos troupeaux, est pour nous un ennemi dont nous avons sérieusement à nous défendre.

D'autres, d'appétit sanguinaire, trop faibles pour s'attaquer à nous, font proie de nos animaux de basse-cour, dépeuplent nos poulaillers et nos garennes. Tel est le renard, rusé, destructeur de la volaille; telle est la belette, petit carnassier de forme allongée, qui saigne au cou nos poulets et nos lapins pour en boire le sang, et abandonne après le cadavre derrière quelque buisson.

Fig. 103.—La chasse à l'Ours.

D'autres, plus petits encore, et leurs dégâts ne sont pas les moindres, s'attaquent à nos provisions, à nos récoltes. Permettons-nous une courte histoire de ces destructeurs, généralement moins connus que les grandes espèces.

2. **Le Rat noir.** — Le *Rat ordinaire* ou *Rat noir* est, pour la taille, plus du double de la souris. Son pelage est noirâtre en dessus, cendré en dessous. Il habite les gre-

Fig. 104. — La Belette.

Fig. 105. — Le Rat noir.

niers, les toits de chaume, les masures abandonnées. S'il ne trouve pas de gîte à sa convenance, il se creuse lui-même un terrier. Aujourd'hui le rat est devenu rare ; un étranger nous est venu, le surmulot, qui, plus fort que le rat, a fait à ce dernier une guerre d'extermination et a fini par en détruire à peu près l'espèce. Nous n'avons rien gagné au change, tout au contraire : le surmulot est bien plus à redouter. Le vrai rat, le rat noir, est donc maintenant assez rare, là surtout où le surmulot abonde; aussi la plupart d'entre nous certainement ne l'ont jamais vu. Ce que nous appelons rat est la plupart du temps un surmulot. Rappelons-nous sa couleur noire, et nous reconnaîtrons sans peine le véritable rat.

3. **Le Surmulot.** — Le *Surmulot* ou *Rat d'égout* est le plus grand et le plus redoutable de tous les rats qui vivent en Europe. Il atteint jusqu'à trois décimètres de longueur, sans compter la queue, qui est écailleuse comme celle de la souris, et un peu moins longue que le corps. Une fois toute sa vigueur acquise, il est de force à tenir tête au chat. Sa présence en Europe remonte seulement au milieu du XVIIIe siècle; il paraît avoir été amené de l'Inde dans la cale des navires que d'habitude il infeste. Il est maintenant répandu dans toutes les parties du monde. Son pelage est brun roussâtre en dessus, cendré en dessous.

Les surmulots fréquentent les magasins, les celliers, les égouts, les dépôts d'ordure, les établissements d'équarrissage. Tout est bon pour ces bêtes immondes et audacieuses, dont la dent vorace ose même attaquer l'homme endormi. Dans les grandes villes, ils se multiplient au point de causer de sérieuses appréhensions. Aux environs de l'établissement de Montfaucon, dans la banlieue de Paris, le sol s'est trouvé tellement miné par leurs innombrables terriers que les maisons menaçaient de s'effondrer sur ce terrain sans consistance. Pour les préserver de la ruine, il fallut en protéger les fondements contre l'attaque des rats, au moyen d'une profonde ceinture de tessons de bouteille.

Pour nous défendre contre cet ennemi, le chat est impuissant. On a des chiens, des terriers et des boule-dogues, qui traquent les surmulots dans les égouts avec une étonnante adresse et leur cassent les reins d'un coup de dent. La battue dans les égouts doit d'ailleurs se renouveler souvent; les surmulots se multiplient avec une effrayante rapidité ; et si l'on n'y veillait, tôt ou tard la ville serait compromise par l'horrible bête. En quelques jours, c'était en décembre 1849, deux cent cinquante mille surmulots détruits furent le résultat d'une battue.

4. **La Souris.** — Est-il besoin de décrire la *Souris*, hôte de presque toutes nos habitations, vive et rusée, timide à l'excès, et rentrant dans son trou à la moindre alerte? Le mal qu'elle nous fait est bien au-dessus de ce que pourrait faire imaginer la taille de l'animal. Que faut-il de réelle nourriture à une souris? Bien peu sans doute: la souris est si petite, une noix la rend toute ronde. Néanmoins le dégât d'un jour ne se borne pas à une noix. Après la noix mangée, un sac est percé, une étoffe est mise en

Fig. 106. — La Souris.

Fig. 107. — Le Mulot.

pièces, un livre est rongé, une planche est trouée, rien que pour s'aiguiser les dents.

5. **Le Mulot.** — Les dégâts que le rat et la souris font dans nos habitations, d'autres les font dans les champs. Parmi ces derniers est le *Mulot*, un peu plus gros que la souris. Son pelage, assez semblable à celui du surmulot, est brun roussâtre en dessus et blanc en dessous. Ses yeux sont grands et proéminents, les oreilles noirâtres, les pattes blanches. La queue, très longue comme celle de la souris, est légèrement velue, noire dans la moitié supérieure, blanchâtre dans la moitié inférieure.

Le mulot fréquente les bois, les haies, les champs, les jardins. Il coupe les tiges des céréales pour atteindre l'épi, dont il gruge quelques grains et disperse les autres sans profit; il déterre la semaille pour s'en nourrir; il ronge les jeunes pousses qui viennent de lever, l'écorce des arbustes, les plants de légumes.

Ses dégâts sont d'autant plus à craindre, qu'il amasse des provisions pour les temps de disette. Dans des cachettes creusées à plus d'un pan sous terre, au pied d'un

Fig. 108. — Le Campagnol Lemming.

arbre ou d'un rocher, il entasse des grains, des noisettes, des glands, des amandes, des châtaignes, qu'il va chercher parfois assez loin. Une cachette ne lui suffit pas, il lui en faut plusieurs, car il est sujet à oublier étourdiment le point où son trésor est enfoui.

6. **Le Campagnol.** — Le rat des champs ou *Campagnol* est de la taille de la souris. Son pelage est d'un jaunâtre mêlé de gris en dessus, et d'un blanc sale en dessous. La queue ne fait guère que le quart de la longueur du corps. Ses yeux sont gros et proéminents, les oreilles sont rondes, velues et dépassent à peine le poil. La tête est plus grosse, plus obtuse que celle de la souris.

Fig. 109. — Le Loir.

Lorsqu'il pullule, le campagnol est des plus redoutables pour l'agriculture. Il ravage surtout les champs de céréales, il coupe les tiges de blé pour en ronger l'épi. Après la moisson, il s'attaque aux racines des trèfles, aux carottes, aux pommes de terre et à d'autres plantes potagères. En hiver, il mine les sillons pour déterrer et manger la semence. Si le sol durci par la gelée ne lui permet pas d'atteindre le grain enfoui, il se retire dans les meules de blé, où il fait de déplorables dégâts. Jamais il ne pénètre dans les habitations.

7. **Le Loir.** — Élégant de forme et de fourrure, le loir rappelle assez bien l'écureuil. Sa queue est longue et bien fournie de poils; son pelage est d'un brun cendré sur le dos et blanchâtre sous le ventre. De nuit il dévaste les arbres fruitiers. Il n'y a pas de plus fin connaisseur pour reconnaître les poires, les pêches, les prunes mûres à point. La veille vous avez donné un coup d'œil de satisfaction à vos fruits, vous voulez leur laisser

Fig. 110. — Le Phylloxera.

encore une journée de soleil pour les amener à perfection. Le lendemain vous revenez pour les cueillir : il n'y a plus rien, le loir a passé par là.

8. **Les Insectes.** — Mais de tous les animaux nuisibles à nos récoltes, les plus redoutables sont les insectes, qui, par leur petitesse et leur excessive rapidité de multiplication, échappent à notre surveillance et à nos moyens d'extermination. C'est surtout dans leur premier état, celui de la larve, qu'ils se livrent à leurs dégâts. La larve mange gloutonnement pour amasser les matériaux que la métamorphose doit mettre en œuvre, matériaux pour les ailes, pour les pattes, les antennes ou cornes, et toutes ces choses que le ver n'a pas, mais que l'insecte doit avoir. Manger est son unique affaire, de jour, de nuit, souvent sans discontinuer.

Certaines larves s'attaquent aux plantes; elles broutent les feuilles, elles mâchent les fleurs, elles mordent dans la chair des fruits. D'autres ont un estomac assez robuste pour digérer le bois; elles se creusent des galeries dans les troncs d'arbre, elles râpent, elles mettent en poudre le chêne le plus dur, aussi bien que le saule tendre. La larve seule du hanneton pullule parfois en tel nombre dans la terre, que des étendues immenses perdent leurs récoltes, rongées par les racines. Les arbustes du forestier, les végétaux de l'agriculteur, les plants du jardinier, au moment où tout prospère, brusquement pendent flétris,

Fig. 111. — La Teigne.

frappés de mort : le ver du hanneton a tronqué leurs racines. — De nos jours, un misérable puceron, le *Phylloxera*, qui vit sous terre, attablé aux racines, menace de détruire la vigne jusqu'au dernier cep. Des provinces, autrefois riches, sont réduites à la misère par cet odieux pou. — Des vermisseaux assez menus pour se loger dans un grain de blé, ravagent le froment de nos greniers et ne

Fig. 112. — Le Hanneton.

Fig. 113. — Larve du Hanneton.

Fig. 114. — Coque de la nymphe du Hanneton.

laissent que le son. — D'autres broutent les luzernes, si bien qu'après eux le faucheur ne trouve rien. — D'autres, des années durant, rongent au cœur le tronc du chêne, du peuplier, du pin et des divers grands arbres. — D'autres, qui deviennent ces petits papillons blancs voltigeant le soir autour de la flamme des lampes, et appelés *Teignes*, tondent nos étoffes, brin de laine par brin de laine, et finissent par les mettre en lambeaux. — D'autres s'attaquent aux boiseries, aux vieux meubles, qu'ils réduisent en poussière. D'autres... Mais on n'en finirait pas s'il fallait tout dire. Ce petit peuple auquel on dédaigne souvent d'accorder un peu d'attention, ce petit peuple des insectes est si puissant par le nombre et le robuste appétit de ses larves, que l'homme doit très sérieusement compter avec lui. Si tel vermisseau vient à pulluler outre mesure, des provinces entières sont ruinées.

9. **Le Hanneton.** — Donnons quelques détails sur l'un de ces ravageurs, le plus connu de tous, le hanneton. Au début, le hanneton est une larve qui trois ans vit en terre, tandis que l'insecte parfait ne vit lui-même sur les arbres que de deux à trois semaines. Cette larve est vulgairement connue sous les noms de *ver blanc*, de *man*, de *turc*.

C'est un gros ver pansu, de démarche lourde, courbé sur lui-même, de couleur blanche avec la tête jaunâtre. Ce gros ver a six pattes, qui lui servent, non à courir à la surface du sol, mais à ramper sous terre ; il a des mâchoires fortes, aptes à trancher les racines des plantes. Sa tête, afin de fouiller avec plus de vigueur, a pour crâne une calotte de corne. Le ventre est distendu par la nourriture, qui apparaît en teinte noire à travers la peau, si bien que le ver ne peut se tenir sur les jambes et se couche lourdement sur le flanc.

Cette larve vit trois ans, toujours sous terre, creusant çà et là des galeries et vivant de racines. Puis elle se fait avec de la terre une niche bien polie à l'intérieur, s'y enferme, y devient nymphe et enfin hanneton. Tout lui est bon pour nourriture : racines des herbes et des arbres, des céréales et des fourrages, des plantes potagères et des végétaux d'ornement. L'hiver, elle s'enfonce profondément dans le sol et s'engourdit ; au printemps, elle remonte dans les couches supérieures, s'installe aux racines et passe d'une plante à l'autre, à mesure que le mal est fait.

Vous avez dans le jardin un beau carré de laitues ; sans motif apparent, un jour tout se flétrit. Vous tirez à vous : le plant fané vient sans racine, le ver blanc l'a tranchée. Vous avez une pépinière d'arbustes pour votre jardin fruitier. L'affreux ver se met à l'œuvre : la pépinière n'est plus bonne qu'à faire des fagots. Vous avez semé quelques hectares de froment, de betteraves, de colza, vous avez dépensé en engrais et en labours des sommes considérables, mais la récolte promet d'être belle et de vous dédommager largement. Le *turc* monte de terre, et c'en est fait de la récolte : les tiges se dessèchent sur place, n'ayant plus de racines.

Quand ce terrible ver envahit un pays, la famine serait certaine si la facilité des communications ne permettait l'arrivée de vivres d'autres contrées. Aujourd'hui, progrès énorme, grâce aux moyens de transport et à l'activité du commerce, on ne meurt pas de faim dans une province quand le ver blanc a ravagé les champs ; on ne meurt pas de faim, mais que de misères amène la dévorante larve ! Bon an mal an, dans l'étendue seule de la France, elle détruit pour des millions et des millions.

Il y en a, en effet, des quantités effrayantes. Lorsqu'un champ est envahi par ces larves, la terre, minée dans tous les sens, n'a plus de consistance et s'effondre sous les pieds. Une année, dans le département de la Sarthe, les ravages devinrent tels, qu'il fallut recourir à l'extermination en règle. On fit en grand la chasse aux hannetons. On en prit 60 000 décalitres, pouvant contenir environ 5000 hannetons chacun.

Dans le département de la Seine-Inférieure, on a pu constater en moyenne la présence de 23 mans par mètre carré, ce qui fait 230 000 dévorants par hectare, contenant 100 000 pieds de betterave. A ce compte, chaque racine était dévorée par deux vers au moins. En admettant 80 000 pieds de colza par hectare, à chaque pieds trois vers étaient attablés. Il est bien entendu que dans ces conditions désespérantes, le colza n'est plus bon à faire de l'huile et la betterave à faire du sucre. Tout périt. Dans la seule année de 1866, la Seine-Inférieure perdit de la sorte pour 25 millions.

En 1868, sur plusieurs points de la France, notamment en Normandie, la multiplication des hannetons fut telle, qu'elle jeta l'épouvante dans les campagnes. Les arbres étaient en entier dépouillés de leurs feuilles; et le soir, à l'heure de prendre l'essor, les nuées d'insectes encombraient l'air et rendaient la circulation difficile. Presque partout des chasses furent organisées. A pleins chariots les insectes ramassés étaient voiturés au Havre et noyés dans la mer. En certaines communes, on les amassait en si grand nombre, qu'on ne savait plus qu'en faire; l'air en était empesté.

On rapporte qu'en 1668, les hannetons détruisirent toute la végétation d'un comté de l'Irlande, à tel point que la campagne avait l'aspect mort que lui donne l'hiver. Le bruit des mâchoires broutant la verdure des arbres imitait celui d'une pièce de charpente sciée; le bourdonnement des ailes ressemblait au roulement lointain des tambours. Enveloppés par les nuées d'insectes, aveuglés par cette grêle vivante, les habitants y voyaient à peine pour se conduire. La famine fut horrible; les malheureux Irlandais en étaient réduits à manger les hannetons.

CHAPITRE XIV

ANIMAUX UTILES

1. **Animaux utiles.** —Nous désignerons sous ce nom les animaux qui, vivant en dehors de nos soins, nous viennent en aide par leur guerre aux larves, aux insectes et aux divers ravageurs qui finiraient par rester maîtres de nos récoltes, si d'autres que nous ne s'opposaient à leur excessive multiplication. Que peut l'homme contre leurs hordes faméliques se renouvelant chaque année dans des proportions à défier tout calcul? aura-t-il la patience, l'adresse, le coup d'œil nécessaire pour faire une guerre efficace aux moindres espèces, surtout lorsque le hanneton, malgré sa taille, brave tous nos efforts; se chargera-t-il d'examiner ses champs motte par motte, ses blés épi par épi, ses arbres fruitiers feuille par feuille? A ce prodigieux travail

le genre humain ne suffirait pas, concertant ses forces pour cette unique occupation. La dévorante engeance nous affamerait si d'autres ne travaillaient pour nous, d'autres doués d'une patience que rien ne lasse, d'une adresse qui déjoue toutes les ruses, d'une vigilance à qui rien n'échappe. Guetter l'ennemi, le rechercher dans ses réduits les plus cachés, le poursuivre sans relâche, l'exterminer, c'est leur unique souci, leur incessante affaire. Ils sont acharnés, impitoyables; la faim les y pousse, pour eux et leur famille. Ils vivent de ceux qui vivent à nos dépens ; ils sont les ennemis de nos ennemis.

A ce grand œuvre travaillent les chauves-souris, le hé-

Fig. 115. — La Chauve-souris.

risson et la taupe, les chouettes et les hiboux, le martinet, l'hirondelle et tous les petits oiseaux, le lézard, la couleuvre, la grenouille et le crapaud.

2. **La Chauve-souris.** — La chauve-souris ne se nourrit absolument que d'insectes. Tous lui sont bons : scarabées à dures élytres, maigres cousins, papillons dodus, les papillons du soir surtout, phalènes, bombyx, teignes, pyrales, enfin ces ravageurs de nos céréales, de nos vignes, de nos arbres fruitiers, de nos étoffes de laine, qui attirés par la clarté, viennent, le soir, se brûler les ailes aux lam-

pes de nos habitations. Qui pourrait dire le nombre d'insectes que les chauves-souris détruisent quand elles font la ronde autour d'une maison ! Le gibier est si petit et la faim du chasseur est insatiable.

Observons ce qui se passe dans une calme soirée d'été. Attirés au dehors par la douce température des heures crépusculaires, une foule d'insectes quittent leurs retraites et viennent se jouer ensemble dans les airs, chercher leur nourriture, s'apparier. C'est l'heure où les gros papillons du soir volent brusquement d'une fleur à l'autre pour enfoncer leurs longues trompes au fond des corolles suant le miel ; l'heure où le cousin, avide du sang de l'homme, fait bruire son chant de guerre à nos oreilles, et choisit sur nous le point le plus tendre pour y plonger sa lancette empoisonnée ; l'heure où le hanneton quitte l'abri de la feuillée, déploie ses ailes bourdonnantes et vagabonde dans les airs à la recherche de ses pareils. Les moucherons dansent en joyeuses bandes que le moindre souffle déplace ainsi qu'une colonne de fumée ; les phalènes et les teignes, les ailes poudrées de poussière argentée, prennent leurs ébats ou recherchent des endroits favorables pour y déposer leurs œufs ; les petits scarabées qui rongent le bois sortent de leurs galeries et rôdent sur l'écorce des vieux troncs d'arbres ; les pyrales explorent, qui les pampres de la vigne, qui les poiriers, les pommiers, les cerisiers, toutes affairées d'assurer le vivre et le couvert à leur calamiteuse progéniture.

Fig. 116. — Le Hérisson.

Mais au milieu de ces peuplades en liesse, voici tout à coup venir le trouble-fête. C'est la chauve-souris qui, d'un essor tortueux, va et revient infatigable, monte et descend, apparaît et disparaît ; pique une tête d'ici, pique une tête de là, et chaque fois happe au vol un insecte, aussitôt broyé, aussitôt englouti dans une gueule largement fendue d'une oreille à l'autre. Et tant que le permettent les lueurs mourantes du soir, l'ardent chasseur poursuit ainsi son œuvre d'extermination. Enfin repue, la chauve-souris regagne quelque sombre et obscure retraite. Le lendemain et toute la belle saison, la même chasse recommencera, toujours aussi ardente, toujours aux dépens des insectes seuls.

3. **Le Hérisson.** — La nourriture du hérisson se compose avant tout d'insectes. L'infime vermine est dédaignée, comme trop petite pour lui; mais une larve de hanneton est excellente capture. Si les vers blancs ne sont pas trop profondément situés, il fouille avec les pattes et le museau pour les déterrer. Toute la nuit, il va rôdant, furetant et croquant de nombreux ennemis, sans porter préjudice appréciable. Pour satisfaire ses appétits gloutons, il paraît s'attaquer à toute espèce de proie indifféremment; il mange même la vipère, sans nul souci de son venin.

Fig. 117. — La Taupe.

Les piquants dont le hérisson est couvert ne sont autre chose que des poils, mais très gros, raides et pointus comme des aiguilles. Mélangés avec d'autres poils fins, souples et soyeux, faisant office de fourrure, ils recouvrent toute la partie supérieure du corps. Quant à la partie inférieure, elle n'a que des poils soyeux, sinon l'animal se blesserait lui-même en s'enroulant.

Lorsque le hérisson, très circonspect du reste, se sent en danger, il recourbe la tête sous le ventre, rapproche les pattes et se roule en une boule qui de partout présente à l'ennemi une armure d'épines. Le renard sait beaucoup de ruses, disaient les anciens; le hérisson n'en sait qu'une, mais toujours efficace. Quel est l'audacieux, en effet, qui oserait happer l'animal dans sa posture de défense? Le chien s'y refuse après quelques malencontreux essais, qui lui mettent la gueule en sang ; il s'y refuse obstinément et se contente d'aboyer. A l'abri sous son enveloppe d'aiguilles, le hérisson fait la sourde oreille à ses vaines menaces et reste coi. Si le chien, surexcité par son maître, revient à la charge, le hérisson a recours à un dernier expédient de guerre qui rarement manque son effet : il lâche son urine infecte, qui suinte de l'intérieur de la boule et vient humecter l'extérieur. Rebuté par l'odeur de la bête apuantie, piqué au nez par les dards, le chien le plus ardent renonce à l'attaque. L'ennemi parti, le hérisson se déroule avec prudence et se hâte de trottiner vers quelque sûre retraite.

4. **La Taupe.** — Que mange-t-elle, la taupe ? Le moyen le plus concluant pour décider du genre de nourriture d'un animal consiste à examiner le contenu de son estomac. Ouvrons donc, après tant d'autres, l'estomac de la taupe, et voyons. Il contient tantôt des tronçons rouges du ver ordinaire ou lombric, tantôt une bouillie de scarabées, reconnaissables aux débris coriaces que la digestion n'a pas altérés, fragments de pattes et d'élytres ; tantôt, et plus souvent, un mélange de larves broyées, de vers blancs surtout, ou larves de hanneton, dont on retrouve les signes distinctifs, comme les mâchoires de corne et la dure enveloppe du crâne. On y voit un peu de tout menu gibier hantant le sol, insectes et vers, mans et chrysalides, chenilles et nymphes souterraines ; mais l'examen le plus attentif ne peut y découvrir un brin, un seul de matière végétale.

La taupe est donc exclusivement carnivore. D'autre part, l'animal est d'un monstrueux appétit, d'une rage d'estomac qui, dans les douze heures, exige une quantité de nourriture presque équivalente au poids de la bête. L'animal se meurt d'inanition pour quelques heures d'abstinence. Pour faire taire les angoisses de cet estomac où les aliments ne font que passer, aussitôt fondus, disparus, sur quoi peut compter la bête ? Sur les larves qui vivent dans la terre, et en premier lieu sur les larves de hanneton. C'est petit pour une telle faim, mais le nombre supplée à la taille. Alors quelle extermination de vers blancs la taupe ne doit-elle pas faire quand le sol abonde de ce gibier! Pour expurger un champ de ces redoutables ravageurs, aucun animal ne vaut la taupe. Il est seulement fâcheux que, pour atteindre la vermine dont elle se nourrit, elle soit obligée de fouiller entre les racines où le gibier habite. Nombre de racines qui l'entravent dans son travail sont coupées; les plantes sont déchaussées, soulevées; enfin la terre, provenant des galeries creusées, est amoncelée au dehors sous forme de taupinées ou monticules, qui gênent le travail de la faux quand il faut couper le foin d'une prairie. N'importe : les vers blancs feraient des dommages bien autrement graves; et pour en débarrasser un champ, rien ne vaut l'affamé chasseur.

5. **Les pattes et les yeux de la Taupe.** — Tout dans la taupe est disposé pour la rapidité d'exécution des galeries de chasse, qu'elle prolonge jusqu'à des centaines de mètres. Le corps est trapu, rond, presque cylindrique d'un bout à l'autre afin de glisser sans obstacle dans l'étroit couloir. La fourrure est courte, épaisse, soigneusement lustrée pour ne pas laisser prise à la poussière et se maintenir d'une parfaite propreté, même dans la terre la plus friable et la plus facile à s'ébouler. C'est une sorte de velours noir. La queue est très courte; les oreilles externes manquent, quoique l'ouïe soit très fine. Ces divers appendices, parfois si développés chez les animaux qui vivent en plein air, seraient un embarras sous terre, un encombrement dans l'étroite galerie. Des yeux, grandement ouverts, accessibles aux grains de poussière d'un sol toujours remué, seraient pour la taupe une source de continuels tourments; d'ailleurs qu'en a-t-elle besoin dans l'obscurcité absolue de sa demeure. La taupe n'est pas précisément aveugle, ainsi qu'on le croit d'habitude; elle a des yeux, mais tout petits et enfouis, presque sans emploi, dans l'épaisseur de la fourrure. L'odorat la guide, un odorat subtil comme celui du porc, dont elle a le boutoir propre à déterrer le morceau que son fumet décèle. De son groin, le porc devine et trouve sous terre la truffe parfumée,

la taupe devine et trouve de même le ver blanc dodu.

Pour l'atteindre à travers le réseau de racines et l'épaisseur de la couche de terre, elle a ses pattes de devant, qui s'élargissent en mains énormes, armées d'ongles d'une exceptionnelle vigueur. Ces mains, solides pelles capables de s'ouvrir un passage dans un sol compact, sont l'outil par excellence de la taupe. A mesure que l'animal avance, fouillant de son boutoir, déblayant de ses mains, la terre est rejetée en arrière dans la galerie par les pattes postérieures, beaucoup plus faibles, mais suffisantes pour un travail bien moins pénible. Si la taupe se propose de revenir par le même chemin, la voie tracée doit être tenue libre; alors les déblais sont poussés au dehors et forment une taupinée de distance en distance.

6. **Le Crapaud.** — Le crapaud est inoffensif, mais ce

Fig. 118. — Patte antérieure et patte postérieure de la Taupe.

Fig. 119. — La Courtilière.

n'est pas assez pour le recommander à notre attention. C'est encore un auxiliaire de grand mérite, un glouton avaleur de limaces, de scarabées, de larves et de toute vermine. Discrètement retiré le jour sous la fraîcheur d'une pierre, dans quelque trou obscur, il quitte sa retraite à la tombée de la nuit pour s'en aller faire sa ronde, se traînant sur son gros ventre.

Voici une limace qui se hâte vers les laitues, voici une courtilière qui bruit sur le seuil de son terrier, voici un hanneton qui met ses œufs en terre. Le crapaud vient doucement, il ouvre sa gueule semblable à l'entrée d'un four, et en trois bouchées les engloutit tous les trois. La ronde continue. Quand elle est finie, au petit jour, que ne doit pas contenir en vermine de toute sorte le spacieux ventre du glouton! Et l'on détruit la précieuse bête, on la tue à coups de pierres sous prétexte de laideur! Enfants, vous ne commettrez jamais pareille cruauté, sottement nuisible ; vous ne lapiderez pas le crapaud, car vous priveriez les champs d'un vigilant gardien. Laissez-lui faire en paix son métier de destructeur d'insectes et de vers.

7. **Oiseaux de proie nocturnes.** — C'est dans la classe des oiseaux que se trouvent nos plus actifs auxiliaires. Les oiseaux de proie nocturnes, hiboux et chouettes, font la chasse dans les champs aux mulots et aux campagnols, redoutables destructeurs des récoltes ; ils viennent dans nos vieux greniers guetter le rat et la souris. Ce sont des chats emplumés, qui ont les qualités du chat domestique sans en avoir les défauts. Le peu que nous avons déjà dit sur leurs mœurs nous dispense de nous y arrêter davantage.

8. **Les petits oiseaux. — La Mésange.** — Presque tous les petits oiseaux sont de vaillants échenilleurs sans lesquels les biens de la terre seraient grandement en péril. Ne pouvant parler de tous, parlons au moins de quelques-uns.

Fig. 120. — L'Hirondelle et le Martinet.

Les mésanges sont de petits oiseaux vifs et pétulants, toujours en action, qui voltigent sans cesse d'arbre en arbre, en visitent soigneusement les branches, se suspendent à l'extrémité des plus faibles rameaux, s'y maintiennent dans toutes les positions, souvent la tête en bas, et suivent le balancement de leur flexible support sans lâcher prise, sans discontinuer de visiter les bourgeons véreux, qu'ils ouvrent pour en extraire les vermisseaux et les œufs inclus. On calcule qu'une mésange consomme par an trois cent mille œufs d'insectes; il est vrai qu'elle doit suffire aux besoins d'une famille comme on en trouve peu d'aussi nombreuses. Vingt oisillons et plus à nourrir à la fois, dans le même nid, ne sont pas une charge trop forte pour son activité. C'est alors qu'il faut en visiter des bourgeons et des gerçures d'écorce pour attraper larves, araignées, chenilles, vermisseaux de toute espèce et donner à manger à vingt becs toujours bâillant de faim au fond du nid! La mère arrive avec une chenille; la nichée est en émoi, vingt becs s'ouvrent, un seul reçoit le morceau, dix-neuf attendent. La mésange repart infatigable, et quand le vingtième bec est repu, le premier depuis longtemps recommence à bâiller de faim. Que ne doit pas consommer en vermine un pareil ménage!

9. **L'Hirondelle et le Martinet.** — Des tribus entières d'oiseaux, pics, torcols, grimpereaux, mésanges, roitelets et tant d'autres, s'adonnent à la chasse patiente qui recherche les œufs dans les rides des écorces et les paquets de feuilles, les larves entre les écailles des bourgeons et dans la vermoulure du bois, les insectes au fond des crevasses où ils se tiennent tapis. Dans ce genre de chasse, l'oiseau n'a pas à courir sus au gibier, à rivaliser avec lui de vitesse; il lui suffit de savoir le découvrir au gîte. A ce effet, il lui faut œil perspicace et bec effilé; les ailes ne viennent qu'en seconde ligne.

Fig. 121. — Le Pic.

Mais d'autres tribus se livrent à la grande chasse aérienne; elles poursuivent au vol, dans les plaines de l'air, moucherons, phalènes, teignes, cousins, scarabées. Il leur faut un bec court mais très largement ouvert, qui happe sûrement les moucherons au passage, malgré les incertitudes d'un élan non toujours maîtrisé, un bec où la proie s'engouffre toute seule sans que l'oiseau ralentisse un instant son essor, enfin un bec visqueux à l'intérieur et tel qu'un petit papillon ne puisse l'effleurer de son aile sans rester pris à la glu.

Mais il faut avant tout des ailes infatigables, rapides, que ne lasse pas la fuite désespérée d'un gibier lancé à toute vitesse, que ne surprenne pas l'essor tortueux d'une teigne aux abois. Bec démesurément fendu, ailes excessives, tel doit être en résumé l'oiseau des grandes chasses aériennes. Ces conditions sont remplies au plus haut degré par l'hirondelle et le martinet. L'un et l'autre chassent les insectes volants, ils les poursuivent en des allées et des venues sans fin, croisées et recroisées de mille façons; ils les gobent dans leur large gosier visqueux et passent outre sans un instant d'arrêt.

10. **Les Pics.** — Les pics se nourrissent uniquement d'insectes et de larves, surtout des espèces qui vivent dans le bois. Pour les atteindre, il faut faire voler en pièces les écorces mortes et sonder le bois vermoulu. L'instrument employé à ce rude travail est le bec, qui est droit, en forme de coin, carré à la base, cannelé dans sa longueur et taillé à la pointe comme un instrument de charpentier. Ce bec, d'une substance dure et solide, sort d'un crâne très épais que n'ébranlent pas les commotions du choc; il est mis en mouvement par un cou robuste et raccourci, qui réitère le choc sans fatigue, dût l'oiseau creuser le bois jusqu'au cœur du tronc. L'excavation faite, le pic y darde une langue démesurément longue, arrondie comme un ver, visqueuse, armée d'une pointe dure et barbelée dont il perce, dans leurs trous, les larves mises à découvert.

Pour grimper contre le tronc d'arbre exploré et se tenir accroché de longues heures, s'il le faut, au point qui lui paraît recéler des larves, le pic a les jambes courtes, puissamment musclées, que terminent des pattes à quatre doigts tournés deux en avant et deux en arrière, et armés d'ongles robustes et arqués. La station contre la surface verticale d'un tronc d'arbre est non seulement favorisée par la répartition des doigts en deux couples égaux, en avant et en arrière, et par la puissance des ongles, qui se cramponnent aux rugosités de l'écorce, mais encore par un troisième point d'appui fourni par la queue. Les fortes plumes de la queue sont raides, un peu fléchies en dedans, usées au bout et garnies de soies raides. Avant de frapper du bec un point qui demande un travail prolongé, le pic s'établit solidement sur le trépied de la queue et des deux pattes, et se maintient inébranlable dans les positions les plus incommodes sans se lasser. Il peut en une séance dépouiller de son écorce le tronc d'un arbre sec.

Ce qu'il cherche avec tant de persévérance, se sont les insectes nichés sous l'écorce. Il sait reconnaître, au son creux que rend le point frappé, si le bois est carié et nourrit des larves; au son mat et plus sec, si l'emplacement ne mérite pas d'être exploité plus avant. Dans le premier cas, il enlève l'écorce, il fait voler le bois sain en copeaux, il déblaye à grands coups la vermoulure, et atteint dans son gîte reculé quelque larve dodue; dans le second cas, il frappe deux ou trois coups bien appliqués pour ébranler les écorces sèches et effrayer les insectes qu'elles abritent.

Fig. 122. — Le Verdier, oiseau granivore.

Aussitôt la population déménage, qui d'ici, qui delà, vers le point opposé du tronc; mais le pic, au courant de l'affaire, exécute un rapide demi-tour et se porte de l'autre côté pour gober les fuyards.

La vie des pics se passe donc à circuler de bas en haut autour des arbres pour ébranler du bec les vieilles écorces abri des insectes et pour sonder toutes les fissures avec leur langue pointue, qui s'allonge comme un ver dans les couloirs des larves perforantes. Ces oiseaux inspectent surtout les arbres maladifs, taraudés par la vermine, et leur opèrent de salutaires sondages dans les points ulcérés. On peut leur donner le titre de gardes forestiers, titre mérité par leur guerre assidue aux insectes destructeurs des forêts.

11. **Insectivores et granivores. Le Moineau.** — L'oi-

seau qui vit de graines, ou le *granivore*, a le bec fort, conique, large à la base, d'autant plus robuste qu'il est fait pour ouvrir des semences plus dures. Tels sont le pinson, le verdier, la linotte, le chardonneret, le moineau. L'oiseau qui vit d'insectes, ou l'*insectivore*, a le bec fluet, mince, délicat, d'autant plus faible qu'il saisit vermine plus molle. De ce nombre sont le rossignol, les fauvettes, les lavandières, les bergeronnettes, les motteux, les traquets.

L'agriculture n'a pas de meilleurs défenseurs contre les ravages de la vermine que ces petits oiseaux à bec fin, passionnés consommateurs de larves et d'insectes. Mais les granivores ne sont pas sans quelques défauts. Il y en a qui picorent dans les champs des céréales, qui savent extraire le froment de son épi, qui viennent effrontément partager avec la volaille l'avoine jetée dans les basses-cours. D'autres préfèrent la chair juteuse des fruits; ils savent avant nous si les cerises sont mûres, si les poires sont fondantes.

Fig. 123. — La Fauvette, oiseau insectivore.

Tels méfaits sont largement compensés par des services. Les granivores cueillent dans les champs une infinité de semences de toute sorte, qui, en levant, infesteraient les récoltes de mauvaises herbes. A ce rôle de sarcleurs, ils en joignent un second plus méritoire. La graine, il est vrai, leur fournit l'habituelle nourriture; mais l'insecte n'est pas tellement dédaigné que la plupart d'entre eux n'en fassent ample consommation lorsqu'il abonde et se trouve de facile capture. Enfin, il y a mieux. Dans leur jeune âge, alors que faibles et sans plumes, ils reçoivent la becquée de leurs parents, beaucoup de granivores sont alimentés avec des insectes.

Prenons pour exemple le moineau. Voilà, certes, un décidé mangeur de graines. Il maraude dans les colombiers et les basses-cours et pille leur manger aux pigeons et à la volaille ; il moissonne avant nous les champs de céréales voisins des habitations. Bien d'autres méfaits sont à sa charge. Il dévalise les cerisiers, il picore dans les jardins, il fourrage les semis qui lèvent, il se rafraîchit avec les jeunes laitues et les premières feuilles des petits pois. Mais vienne la saison des œufs, et l'effronté pillard se convertit en un auxiliaire comme il y en a peu.

Vingt fois par heure au moins, le père et la mère, à tour de rôle, apportent la becquée aux petits, et chaque fois le menu se compose tantôt d'une chenille, tantôt d'un insecte assez gros pour exiger d'être partagé en quartiers, tantôt d'une larve dodue, tantôt d'une sauterelle ou d'autre gibier encore. En une semaine, la nichée consomme environ trois mille insectes, larves, chenilles, vermisseaux de toute espèce. On a compté autour d'un seul nid de moineau les débris de sept cents hannetons, non compris les petits insectes vraiment innombrables. Voilà les victuailles qu'il a fallu pour élever une seule couvée. Paix donc, enfants, à tous les petits oiseaux, qui nous délivrent du ravageur, l'insecte.

CHAPITRE XV

ANIMAUX DOMESTIQUES

1. **Le Chien.** — Le chien est, en date, le premier animal domestique. Dans l'état primitif de profonde misère, où le manger quotidien dépendait avant tout de rapides jarrets et d'un flair développé, le chien fut pour l'homme la plus précieuse des acquisitions. Avec son concours, d'abord le gibier tomba plus abondant sous la hache de pierre et la flèche à pointe de caillou ; puis vint la possibilité du troupeau, qui, tenant de la nourriture en réserve, affranchissait l'homme de la famine alternant avec l'abondance

et lui permettait d'interroger sa pensée, mère de tout progrès. Alors le bœuf fut soumis, le cheval dompté, le mouton parqué, et vint finalement la culture, source principale de bien-être.

Nul ne saurait dire en quel temps et par qui la précieuse bête a été dressée à notre service : la conquête du chien remonte à une époque très reculée et tout souvenir s'en est perdu. Même profonde obscurité sur son origine, sur la race sauvage dont il est le descendant. Nulle part, le chien n'a été vu par les voyageurs à l'état primitif, à l'état d'indépendance complète. Si quelques-uns sont rencontrés menant la vie sauvage, ce sont des chiens *marrons*, c'est-à-dire des chiens qui ont fui la domesticité pour vivre à leur guise dans des régions désertes. Tels sont ceux qui se creusent un terrier et chassent pour leur compte dans les vastes plaines de l'Amérique du Sud. Ils descendent certainement des chiens domestiques amenés par les Européens, car à l'époque de sa découverte, il y a maintenant près de quatre siècles, le nouveau monde ne possédait pas le chien. Tout ce que l'on peut affirmer, c'est que le chien nous est venu de l'Asie, déjà dressé au service de l'homme. L'Asie pareillement a fait don à l'Europe des animaux domestiques les plus anciennement connus, tels que le bœuf, l'âne, le mouton, la poule.

2. **La sélection.** — Le chien doit ses excellentes qualités aux soins prodigués pendant de longs siècles pour améliorer sa race, car certainement le chien primitif devait être un fort revêche animal. La domestication complète marche avec lenteur; il lui faut une longue succession d'individus se transmettant de l'un à l'autre les aptitudes recherchées et les accroissant de ce que peut posséder en plus l'élite de chaque nouvelle génération.

Admettons en société de l'homme, dans les anciens âges, l'ancêtre du chien domestique, plus ou moins voisin du loup. Si hargneux qu'il reste, l'animal vaudra mieux, après une éducation de plusieurs années, qu'il ne valait au début. Avec des soins continués, les faibles qualités acquises vont faire maintenant, comme l'on dit, la boule de neige, qui grossit en roulant. Il est de règle, en effet, que le fils hérite des qualités du père, bonnes ou mauvaises. Les petits du chien élevé auprès de l'homme seront donc, dès la naissance, à demi privés ainsi que l'étaient leurs parents. Comme le caractère est loin d'être le même dans toute une famille, les uns seront plus sauvages, les autres plus soumis. On rejette les premiers, on garde les seconds, dès qu'il est possible de reconnaître la diversité des aptitudes.

Voilà donc que les fils, l'éducation se poursuivant, va-

Fig. 124. — Le Chien courant.

Fig. 125. — La chasse.

lent mieux que les pères. Mêmes soins, même choix pour la troisième génération, et par conséquent nouveau progrès dans les petits-fils. L'amélioration acquise se transmettra par héritage aux arrière-petits-fils, qui l'augmenteront encore et en feront hériter leurs descendants, sinon tous, du moins quelques-uns. Ceux-ci seront élevés de préférence aux autres. Si faibles qu'ils soient d'une génération à la suivante, les progrès vont s'ajoutant par le fait de l'intervention de l'homme, qui choisit toujours les individus d'élite; et petit à petit, avec le temps, la bête sauvage du début devient un animal soumis.

Cette marche, qui consiste à accumuler dans l'animal par voie d'héritage, les aptitudes que l'on désire, en faisant toujours choix des individus où ces aptitudes sont le plus prononcées, se nomme *sélection*, signifiant choix, triage. Telle est la méthode générale qui rend aujourd'hui encore les plus grands services pour le perfectionnement de nos animaux domestiques, et qui a permis autrefois de faire d'un animal sauvage, presque aussi hargneux que le loup, le plus dévoué de nos serviteurs, le chien.

3. **Principales races de chiens.** — Le *mâtin* est le vigilant gardien de la ferme, le courageux protecteur du troupeau; c'est un animal robuste, hardi, d'assez grande taille, à pattes fortes, à mâchoire vigoureuse. Le *chien de berger* est le conducteur du troupeau; il déploie dans ces fonctions, toutes d'intelligence, une étonnante perspicacité. Le *danois* se distingue aisément par le pelage, qui est blanc avec de nombreuses taches noires rondes. C'est un

Fig. 126. — Le Chien de berger.

Fig. 127. — Le chien de St-Bernard

magnifique chien, gardien des grandes maisons, ami des chevaux, et dont la fonction favorite est de précéder, en jappant, la voiture de son maître. Le *lévrier*, à formes sveltes, élancées, est de tous les chiens le plus rapide. Il force le lièvre à la course, et c'est de là que lui vient son nom. L'*épagneul* a le poil long et souple, surtout aux oreilles, qui sont pendantes et soyeuses. Nul mieux que lui n'a le regard aimable et doux; l'attachement à son maître, l'intelligence, se lisent dans ses yeux. Le *barbet*, autrement *caniche*, se fait distinguer par son intelligence exceptionnelle, sa douceur de caractère, sa fidélité. Sa fourrure, longue, fine et frisée, semblable à de la laine, lui a fait donner le nom de *chien mouton*. Le *chien courant* est le chasseur par excellence. Il a le flair d'une finesse extrême, qui lui permet de reconnaître la voie suivie par le gibier rien qu'à l'odeur laissée par le passage de la bête. Comme son nom l'indique, le *basset* est très bas sur jambes. Il a de plus les quatre membres comme tordus et estropiés, ceux de devant surtout. C'est un ardent chasseur, principalement du lapin. Le *chien-loup* est le favori des voituriers. Le *dogue*

Fig. 128. — La bergerie.

est fait pour le combat. A sa rude physionomie, on lui reconnaît le don de la mâchoire, qui happe et ne lâche plus. Le mot diminutif de *doguin* désigne ce petit chien grondeur, étourdi, poltron, gourmand, connu plus habituellement sous le nom de *carlin*.

4. **Le Mouton.** — Nulle autre espèce, le chien excepté, n'a subi entre nos mains des changements aussi profonds que le mouton. On trouve en Afrique, à Madagascar et dans l'Inde, une race de moutons dont la queue, chargée de droite et de gauche d'un pesant amas de graisse, est

transformée en une sorte de battoir énorme, plus large à sa base que le corps lui-même. Le poids de ce gênant appendice atteint et dépasse une trentaine de livres. D'autres moutons, particuliers à la Russie méridionale, ont la queue de médiocre grosseur comme les autres, mais très longue et balayant la terre.

Fig. 129. — La boucherie.

Certains moutons ont les cornes démesurément développées et roulées en longues spirales, qui tantôt se dressent sur le haut du front et tantôt se dirigent en travers. Ce sont là des armes plus menaçantes qu'efficaces; elles surchargent inutilement la tête et sont pour l'animal cause de sérieux embarras. Les moutons de l'île de Chypre ont deux paires de cornes,

Fig. 130. — Tonte des moutons.

l'une s'élevant droite sur le front, l'autre se recourbant derrière les oreilles. Ceux des îles Feroë en ont trois paires, toutes disposées en spirale et dirigées en arrière. Nos moutons en général n'ont que deux cornes, assez petites et faisant à peine un tour sur les deux côtés de la tête. Enfin, la majeure partie de nos troupeaux est composée de moutons entièrement dépourvus de cornes. C'est le mieux pour l'animal, qui de la sorte se trouve allégé d'une charge inutile.

5. **La laine.** — Outre la viande, le mouton nous fournit la laine, plus importante encore, car elle est la meilleure matière pour nos vêtements. D'autres animaux, le bœuf et le porc par exemple, nous alimentent de leur chair ; le mouton seul peut nous vêtir. Avec la laine se font les matelas et se fabriquent les draps, les flanelles, les serges, enfin les diverses étoffes les plus aptes à nous défendre du froid. Elle est par excellence la matière première du vêtement; le coton, malgré son importance, ne vient qu'en

Fig. 131. — Mouton mérinos.

seconde ligne ; et la soie, si précieuse qu'elle soit, lui est très inférieure sous le rapport des services rendus.

La laine n'a pas la même valeur suivant les moutons qui l'ont produite ; il y en a de plus grossière et de plus fine, à brins plus longs et à brins plus courts. La plus estimée, celle que l'on réserve pour les fines étoffes, provient d'une race de moutons principalement élevés en Espagne et connus sous le nom de *mérinos*. Cette race a le corps trapu, court, épais ; les jambes fortes et courtes ; la tête grosse, armée de robustes cornes qui retombent en spirale derrière l'oreille ; le front laineux et le museau fortement recourbé.

6. **Troupeaux transhumants.** — De grands troupeaux de moutons paissent l'hiver dans les pâturages salés avoi-

sinant la Méditerranée, notamment dans la vaste plaine caillouteuse de la Crau, et dans l'île de la Camargue, que le Rhône forme à son embouchure en se bifurquant. Les froids finis, ces troupeaux se transportent sur les hautes montagnes du Dauphiné, où ils passent en plein air toute la belle saison; ils en descendent en automne et regagnent la Camargue et la Crau. On les appelle *troupeaux transhumants*. Voyons-les en marche, quand ils voyagent alternativement de la plaine aux montagnes et des montagnes à la plaine.

En tête cheminent les ânes, chargés des hardes et des vivres. Une volumineuse et grave sonnaille pend à leur collier, fait d'une large lame de bois blanc recourbé. Si quelque chardon se montre sur le bord de la route, ils se

Fig. 132. — Le Mouton ordinaire.

détournent, cueillent du bout des lèvres la savoureuse bouchée, et reprennent tout aussitôt leurs postes de chefs de file. Dans de grands paniers en sparterie, l'un d'eux porte les agneaux nés en voyage, trop faibles pour suivre le troupeau. Les pauvrets bêlent, branlant la tête aux mouvements de la monture, et les mères répondent du sein de la foule. Suivent de front les boucs puants, hautement encornés, au nez camus, au regard de travers; la clarine, appendue au collier de bois, sonne sous leur épaisse barbe. Viennent après les chèvres, les jarrets battus par la lourde mamelle gonflée de lait. A côté d'elles cabriole et se heurte déjà du front la bande folâtre des chevrettes et des chevreaux. Telle est l'avant-garde.

Quel est celui-ci, avec son bâton de houx coupé dans une

haie des Alpes, avec son grand manteau de bure drapé sur l'épaule! C'est le maître berger, responsable du troupeau. Sur ses talons cheminent les béliers, conducteurs de la plèbe stupide. Leurs cornes, roulées en spirales, font trois et quatre tours. Ils ont le collier de bois blanc, comme les boucs et les ânes; mais leurs amples sonnettes, signe d'honneur, ont pour battant une dent de loup. Des houppes de laine rouge, autre signe de distinction, sont fixées à la toison, sur les flancs et le dos. Au milieu d'un nuage de poussière, vient maintenant la multitude, pressée, bêlante, faisant comme une rumeur d'orage avec le bruit de ses innombrables petits sabots frappant le sol.

Fig. 133. — Le labourage.

A l'arrière sont les traînards, les boiteux, les éclopés, les brebis mères accompagnées de leurs agneaux. Au moindre arrêt, ceux-ci plient les genoux en terre, embouchent la tétine, et, pendant que leur queue se trémousse et frétille, choquent du front la mamelle pour en faire couler un jet de lait.

Fig. 134. — La Vache.

Les bergers ferment la marche. Ils activent de la voix les retardaires; ils donnent leurs ordres aux chiens, aides de camp qui vont et reviennent sur les flancs de la troupe et veillent à ce que nul ne s'écarte. Si tout est en ordre, les chiens cheminent à côté de leurs maîtres, tout pensifs, pénétrés de leurs graves fonctions, et se remémorant peut-être les bois d'où ils arrivent, les sombres bois où il y a des ours.

7. **Le Bœuf.** — Après le mouton, le bœuf est le plus utile de nos animaux domestiques. Pendant sa vie, il traîne les chariots dans les pays de montagnes; il travaille à la charrue et laboure les champs ; la vache, en outre, fournit

Fig. 135. — La Vache.

du lait en abondance. Livré au boucher, il devient pour nous une source de produit très variés, chaque partie du corps ayant sa valeur.

La chair est un aliment de haut mérite; la peau devient du cuir pour harnais et chaussures; le poil fournit de la bourre aux selliers ; le suif sert à la fabrication des bougies et du savon; les os, à demi brûlés, donnent une espèce de charbon ou noir animal, employé surtout pour raffiner le sucre et l'amener à la perfection de blancheur; ce charbon, une fois hors d'usage dans les raffineries, est livré à l'agriculture, qui y trouve un engrais puissant; chauffés dans l'eau à une température élevée, les mêmes os fournissent de la colle forte aux menuisiers; les plus gros, les plus épais d'entre eux vont à l'atelier du tourneur, où ils sont travaillés en boutons et autres menus objets; les cornes sont façonnées par le tabletier en tabatières et en boîtes à poudre; le sang est utilisé concurremment avec le noir animal dans les raffineries de sucre; les intestins, rendus incorruptibles, tordus et desséchés, sont transformés en cordes pour les instruments de musique; le fiel, enfin, est d'un fréquent emploi entre les mains du teinturier dégraisseur pour nettoyer les étoffes et leur rendre en partie leur lustre primitif.

Fig. 136. — La Chèvre de Cachemire.

8. **La Chèvre.** — Le lait de la chèvre est léger et très nourrissant; il convient aux personnes faibles mieux que le lait épais de la brebis ou le lait de la vache. Il est en outre d'une abondance remarquable, eu égard à la petite

Fig. 137. — La laiterie.

taille de l'animal. Le produit est médiocre si la chèvre ne donne que deux litres de lait par jour, et cela pendant six à neuf mois de l'année. Il y en a qui, bien nourries, en produisent journellement trois et quatre litres. Aussi la chèvre, peu difficile à nourrir, est-elle une précieuse ressource dans les contrées montagneuses et arides ; elle remplace la vache laitière dans la cabane du pauvre comme l'âne y remplace le cheval.

La fécondité de la mamelle est à peu près l'unique mérite de la chèvre, car sa chair filandreuse et sans goût n'a pas de valeur. Seul le chevreau est estimé, surtout dans le Midi, où la végétation aromatique des collines relève sa fadeur naturelle. La toison de la chèvre, quoique utilisée pour certains tissus grossiers, n'a pas grande importance non plus, et ne peut en aucune manière tenir lieu de la laine des brebis.

Cependant une race originaire des pays montueux du centre de l'Asie, la *Chèvre de Cachemire*, fournit un duvet d'une incomparable finesse, avec lequel se fabriquent de précieuses étoffes. Cette chèvre, sous une épaisse toison de longs poils, porte un abondant duvet qui la défend des rigueurs du froid et tombe naturellement tous les printemps. Lorsque cette époque est venue, on peigne l'animal avec un démêloir, qui recueille, dans la toison, le fin duvet détaché de la peau.

9. **Le Porc.** — Malgré toutes les améliorations que nos soins lui ont values, le porc ou le cochon est resté une bête grossière, rappelant en plus d'un trait le sanglier dont il paraît provenir. Comme ce dernier, il se nourrit de tout ; et plus que lui encore, il est porté aux insatiables satisfactions du ventre. Les périls de la liberté n'éveillant plus en lui d'autres besoins, il se livre sans réserve à ses appétits voraces. Le porc est une créature à fabriquer du lard ; il vit uniquement pour manger, digérer, s'engraisser. Sa goinfrerie va jusqu'à s'accommoder des rebuts de la cuisine, des grasses lavures de vaisselle, des restes immondes, enfin de tout jusqu'à l'ordure. La goinfrerie du porc est donc proverbiale. Gardons-nous de la lui reprocher. Son vorace appétit nous transforme en viande savoureuse et en lard mille rebuts dont ne voudrait aucun des autres animaux domestiques, et qui seraient perdus sans son intervention ; avec des matières sans valeur, son robuste estomac nous fait des provisions précieuses, lard, saucisses, jambons.

De son vivant, le porc n'est d'utilité aucune, si ce n'est pour la recherche des truffes, où il excelle, grâce au développement énorme de son nez et à la finesse de son odorat; néanmoins, pour pareil service, on lui préfère le chien, plus dégagé d'allures dans les terrains accidentés, plus actif, plus intelligent. C'est à sa mort que le porc dédommage des soins qu'il a coûtés.

10. **Le Cheval.** — L'aspect du cheval dénote l'agilité jointe à la force. Le corps est puissant, le poitrail large, la croupe arrondie, la tête un peu lourde mais soutenue par une forte encolure ; les cuisses et les épaules sont musculeuses, les jambes élancées, les jarrets vigoureux et souples.

Fig. 138. — Le Porc.

Une élégante crinière, retombant de côté, règne sur le cou; la queue porte une longue touffe de crins, dont l'animal se sert pour chasser les mouches importunes. Ses yeux sont grands, à fleur de tête et très expressifs ; les oreilles, d'une mobilité remarquable, se dirigent et s'ouvrent du côté d'où vient le bruit, pour mieux recevoir le son dans leurs cornets. Les naseaux sont amples et très mobiles aussi ; la lèvre supérieure s'allonge et se replie pour saisir la nourriture, la disposer en une bouchée et la porter aux dents, ainsi que le ferait une main. Toute la surface de la peau, d'une sensibilité extrême, frémit et s'agite au moindre attouchement.

Un cheval chargé sur le dos porte, en moyenne de 100 à

175 kilogrammes avec une faible vitesse. Si la charge est un cavalier du poids de 80 kilogrammes, il peut marcher sept heures et parcourir dix lieues de quatre kilomètres. Mais la force est beaucoup mieux employée si, au lieu de porter un fardeau sur le dos, l'animal le traîne dans une voiture. Il suffit, en effet, d'un effort représenté par le poids de 5 kilogrammes, pour mettre en mouvement une charge de 1000 kilogrammes, si les roues de la voiture tournent sur des rails pareils à ceux des chemins de fer. Pour la même charge et sur une route bien unie, il

Fig. 139. — Le Cheval de trait.

faut un effort de 33 kilogrammes; enfin si la route est pavée, l'effort doit être de 70 kilogrammes. Dans les conditions d'une excellente route, les chevaux de diligence traînent chacun 800 kilogrammes et parcourent six lieues en deux heures, après quoi ils sont relayés par d'autres.

Tels que la domesticité les a modifiés, les chevaux se classent en deux groupes principaux, ceux de *selle* et ceux de *trait*. Les premiers servent de monture au cavalier, les seconds voiturent des fardeaux. Parmi les chevaux de selle, le plus célèbre est le *Cheval arabe*, remarquable par son ardeur, son intelligence, sa docilité, sa course rapide et son aptitude à supporter de longues abstinences.

Il a la taille moyenne, la peau délicate, la tête petite, les formes sveltes, le port élégant, les jambes fines, le ventre peu développé, les sabots petits, lisses et très durs.

Fig. 140. — Le Cheval arabe.

Les chevaux de trait, dont la fonction est de voiturer au pas de lourds fardeaux, ont des caractères tout opposés. Ils manquent de légèreté et d'ardeur, mais ils déploient

Fig. 141. — Le Cheval de trait, race boulonnaise.

patiemment une force considérable, en rapport avec leur taille de colosse et l'abondante nourriture que réclame leur entretien. Ils ont le corps massif, la démarche pesante, la peau épaisse, la tète grosse, le poitrail large, la croupe vaste, le ventre volumineux, les jambes fortes, les sabots amples et grossiers. La France possède, dans la race *boulonnaise*, le cheval de trait le plus estimé. Le vigoureux boulonnais, généralement d'un gris pommelé, remplit les fonctions pénibles de limonier. Il commence l'attelage, il est placé entre les deux brancards. C'est lui qui tire le plus fort aux montées; c'est lui qui maîtrise par sa masse énorme les cahots sur le pavé d'une rue et l'accélération dangereuse dans les pentes rapides.

11. **L'Ane.** — Aussi doux de naturel, aussi tranquille que le cheval est fier, ardent, impétueux, l'âne est la monture des faibles, des enfants, des femmes, des vieillards.

Fig. 142. — L'Ane.

Il est patient, il souffre avec constance et peut-être avec courage les châtiments et les coups. Il est sobre et sur la quantité et sur la qualité de la nourriture. Il se contente des herbes les plus dures et les plus désagréables, que le cheval et les autres animaux lui laissent et dédaignent. Le long des chemins, il broute les sommités épineuses des chardons, quelques rameaux de saule, quelques pousses d'aubépine. S'il peut, après, se rouler un instant sur le gazon, c'est pour lui le comble des félicités. Mais il est fort délicat sur l'eau : il ne veut boire que de la plus claire et aux ruisseaux qui lui sont connus.

Dans la première jeunesse, alors qu'il ne connaît pas encore les duretés de la vie, l'âne est gai, folâtre, plein de gentillesse; mais avec la triste expérience de l'âge, l'écrasante fatigue et les mauvais traitements, il devient indocile, lent, têtu, vindicatif. Mais aussi n'est-ce pas notre faute! Combien d'offenses la malheureuse bête n'a-t-elle pas à venger, et quel fonds de bonnes qualités ne lui faut-il pas pour demeurer ce que nous le voyons! Si l'âne gardait rancune des coups reçus, son maître lui serait odieux et il le poursuivrait sans cesse de la dent et du pied. Tout au contraire, il s'attache à lui, il le flaire de loin, il le distingue de tous les autres hommes, et sait au besoin le retrouver au milieu du tumulte d'une foire ou d'un marché.

Avec une nourriture passable et surtout de bons traitements, l'âne devient le compagnon le plus soumis, le plus affectueux. Qu'on lui mette la selle, le harnais d'attelage, le bât, les hottes, les crochets, les paniers, il ne se refuse à aucun travail. S'il y a de quoi, il mange; s'il n'y a rien, il broute les chardons du bord du chemin; si les chardons manquent, il jeûne, sans que l'abstinence puisse troubler un instant sa bonne volonté.

12. **Le Chat.** — Dans les vieilles forêts de l'Europe, et notamment dans celles de l'est de la France, vit en petit nombre une espèce de chat, appelé *Chat sauvage*, qu'il est impossible de considérer comme le point de départ du chat domestique, malgré les opinions ayant cours. Organisé pour l'exercice violent, la bataille, l'ascension à la cime des arbres, les bonds à grande distance, il a les pattes plus longues et plus fortes que celles du chat vulgaire, la tête plus grosse et la mâchoire plus robuste. La queue, très fournie de poils, et ondée d'anneaux noirs, est plus renflée à l'extrémité qu'à la base. Le pelage est une chaude fourrure d'un gris jaunâtre, avec de larges raies noires, transversales et contournées, imitant un peu la robe du tigre. Une bande obscure s'étend, tout le long de l'échine, de la nuque à la naissance de la queue. Enfin les pelotes charnues de la plante des pieds, les lèvres et le nez sont noirs.

Le chat domestique, au contraire, habituellement a les lèvres roses, ainsi que le nez et les pelotes des pattes. Il porte en outre, sur le devant du cou et de la poitrine, une bande de couleur claire, qui se prolonge parfois sous le ventre. Pareille coloration du nez, des lèvres, des pattes, et du devant du cou, se retrouve, trait pour trait, dans une espèce sauvage de l'Abyssinie, nommée *Chat ganté;* aussi considère-t-on cette espèce comme la souche, ou au moins comme l'une des souches du chat domestique.

On présume cependant que l'une de nos variétés domestiques, appelée *Chat tigré,* compte dans sa parenté le chat sauvage de nos forêts de l'est; du moins elle en a les lèvres noires et le pelage à zébrures. Elle en a aussi jusqu'à un certain point le caractère. Le chat tigré est le moins familier de tous, le plus méfiant, le plus enclin à la rapine. Aucun autre n'a la griffe plus prompte si l'on cherche à le saisir ou seulement à lui passer la main sur le dos. Mais ses travers de sauvagerie ne doivent pas faire oublier ses qualités; il n'y a pas de plus ardent chasseur de souris. Il est vrai que le fromage oublié sur la table et le gibier non suspendu assez haut dans la dépense attirent aussi un peu trop son attention.

Fig. 143. — Une caravane.

13. **Le Chameau. — Le Lama.** — Parmi les animaux domestiques inconnus dans nos climats, nous avons déjà cité le renne, principale richesse du Lapon, et l'éléphant de l'Inde, qui, pris jeune dans ses forêts de bambous, se prête à la domestication et devient bête de somme aussi docile que puissante. Mentionnons encore, dans le nord de l'Afrique et l'ouest de l'Asie, le chameau, patient, sobre, disgracieux de forme, mais vigoureux, coureur rapide et la plus utile des bêtes de charge pour les caravanes traversant les déserts sablonneux. Le *Méhari,* ou chameau de course, peut allonger le trot

jusqu'à faire, sans se fatiguer, de 30 à 40 lieues par jour.

L'Amérique du Sud a le *Lama*, employé comme monture et comme bête de somme dans toute les régions élevées des Andes, de l'Equateur au Chili. Avant l'arrivée des Européens, le lama était l'unique bétail de ces contrées et rendait au Péruvien les mêmes services que le chameau rend à l'Arabe. C'était et c'est encore le chameau de l'Amérique, plus petit et bien moins vigoureux que celui de l'ancien continent, car il est à peu près de la taille de notre âne. Son pied large et fendu est fait pour prendre appui sur l'étroite corniche des montagnes sans crainte du précipice; son lainage donne de solides étoffes, sa peau devient cuir ou fourrure, sa chair et son lait sont excellents, enfin sa force et sa docilité se prêtent à des travaux pénibles. Deux autres espèces du même genre, l'alpaca et la vigogne, donnent une toison qui, pour la finesse, surpasse toutes les laines connues.

Fig. 141. — Le Lama.

14. **Le Coq et la Poule.** — Est-il besoin de décrire le coq? Qui n'a admiré ce bel oiseau, au regard vif, à la contenance fière, à la démarche lente et grave? Une lame de chair d'un rouge écarlate lui forme sur la tête une crête dentelée; sous la base du bec pendent deux barbillons semblables à des lames de corail. Sur chaque tempe, à côté de l'oreille, est une plaque de peau nue d'un blanc mat. Une riche pèlerine d'un roux doré lui descend du col et retombe sur les épaules et la poitrine; deux plumes à reflets verts et métalliques se recourbent gracieusement en panache au-dessus de la queue. Le talon est armé d'un éperon de corne, d'un ergot dur et pointu, arme redoutable dont le coq poignarde son rival, dans une lutte à mort.

Son chant est un éclat de voix sonore, qu'il fait entendre à toute heure de nuit aussi bien que de jour. A peine le ciel commence-t-il à blanchir des douteuses clartés de l'aube, que, debout sur son perchoir, il jette aux échos de la nuit son perçant *coquerico*, réveille-matin de la ferme.

Plus simple de costume, la poule, joie de la fermière, trottine dans la basse-cour, gratte et becquette en caquetant. L'œuf pondu, elle annonce ses joies avec un enthousiasme que ses compagnes partagent, si bien que tout le poulailler éclate en un chœur général d'allégresse pour acclamer l'heureux événement. Dans un recoin poudreux

Fig. 145. — Le Coq.

Fig. 146. — La Poule.

et visité du soleil, elle s'accroupit, se trémousse avec délices et fait voler une fine poussière entre ses plumes pour apaiser les démangeaisons qui la tourmentent. Puis, la patte allongée, l'aile étendue, elle sommeille dans son nid de terre aux heures les plus chaudes du jour ; ou bien sans se déranger de son voluptueux repos, elle épie la mouche posée contre le mur et la saisit d'un coup de bec prestement dardé.

Diverses espèces de coqs, origines premières de nos races domestiques, vivent encore aujourd'hui à l'état sauvage dans les forêts de l'Asie, notamment aux Indes, aux îles Philippines, à Java. Le plus remarquable est le coq *Bankiva*, qui par sa forme, son plumage, ses mœurs, rappelle le mieux le vulgaire coq de nos basses-cours.

15. **Le Dindon.** — Des oiseaux de nos basses-cours, le dindon est le plus remarquable, exception faite du paon, uniquement élevé pour l'incomparable richesse de son plumage. Il a la tête et le cou recouverts d'une peau unie et bleuâtre, chargée en arrière de mamelons blancs et en avant de mamelons rouges, qui se gonflent et retombent en grosse pendeloques, semblables, pour la couleur, à de la cire d'Espagne. Sur le bec lui descend une mèche charnue, courte et ridée quand l'oiseau est tranquille, longuement pendante et vivement colorée quand l'animal veut faire valoir sa parure. Au centre de la poitrine est suspendue une rude touffe de crins. Pour faire le beau, il se rengorge, gonfle ses pendeloques rouges, allonge la mèche charnue du bec, rejette la tête en arrière, étale en roue les plumes de la queue et laisse traîner à terre le bout des ailes à demi épanouies. Dans cette posture grotesquement superbe, il tourne avec lenteur pour se faire admirer sous tous ses aspects ; de temps à autre, un bruit sourd, *puf*, *puf*, qu'accompagne une sorte de détente convulsive des ailes, est le signe de sa haute satisfaction. Si quelque bruit, un coup de sifflet surtout, vient à l'inquiéter, il replie ses atours, et, allongeant le cou, jette à la hâte un *glou*, *glou*, *glou*, qui semble expectoré du fond de l'estomac.

Cet oiseau est une récente aquisition. Il nous est venu, dans le XVIe siècle, des forêts des Etats-Unis de l'Amérique du Nord, où il vivait et vit encore aujourd'hui à l'état sauvage. Comme l'on donne à l'Amérique la dénomination d'Indes occidentales par opposition aux Indes de l'Asie, ou Indes orientales, l'oiseau originaire des forêts du nouveau monde fut appelé coq d'Inde et poule d'Inde ; d'où l'on a fait, en abrégeant, dindon et dinde. Longtemps ce fut un oiseau peu répandu, que l'on conservait comme une précieuse rareté. Le premier qui parut sur la table fut servi, dit-on, au repas de noces de Charles IX.

16. **Mœurs du Dindon sauvage.** — Vers le commencement d'octobre, nous raconte Audubon, les dindons sauvages s'attroupent par sociétés d'une centaine et se mettent en marche vers les riches vallées de l'Ohio et du Mississipi. Si quelque rivière leur barre le passage, ils gagnent les éminences des environs et y demeurent tout un jour, quelquefois deux, comme pour délibérer. Avec d'interminables *glou glou*, ils s'agitent, se pavanent, font la roue, pour élever leur courage au niveau d'une si périlleuse aventure. Les mères, entourées de leur jeune famille, se tiennent à l'écart. Elle s'abandonnent à des élans emphatiques, à des sauts extravagants ; ou bien, la queue étalée, elles tournent avec un bruit sourd autour l'une de l'autre. Enfin la décision est prise : la bande entière monte au sommet des plus hauts arbres ; le chef de file donne le signal, *cluck*, et tous s'envolent vers la rive opposée. Les vieux, les forts l'atteignent aisément, la rivière eût-elle mille ou deux mille mètres de largeur ; mais les jeunes et les moins robustes tombent fréquemment à l'eau. Ils ramènent alors les ailes près du corps, étalent la queue pour se soutenir, et, détachant à droite et à gauche de vigoureux coups de pattes, nagent rapidement vers le bord. Ayant pris terre, ils courent follement çà et là en désordre pour se sécher.

Fig. 147. — Le Dindon.

De leurs nombreux ennemis, les plus formidables, après l'homme, sont le hibou des neiges et le grand-duc de Virginie. Pour passer la nuit, les dindons perchent habituellement en société, sur les branches nues ; aussi sont-ils aisément découverts par leurs ennemis les hibous, qui sur leurs ailes silencieuses, s'approchent et voltigent autour d'eux, choisissant leur proie du regard. Heureusement tous ne dorment pas, et à un simple *cluck* de celui qui veille, toute la bande est avertie de la présence du ravisseur. A l'instant, ils sont debout, attentifs aux évolutions du hibou, qui, son choix fait, fond comme un trait sur l'oiseau. Infailliblement il s'en emparerait si le dindon, baissant la tête, n'étalait aussitôt sur son dos sa queue renversée. Alors l'assaillant, ne rencontrant sous sa griffe qu'un plan incliné de robustes plumes, glisse sans faire de mal au dindon; et celui-ci, sautant à terre, en est quitte pour un peu de désordre dans son plumage.

17. La Pintade. — La pintade nous est venue de l'Afrique. Ses taches blanches, semées sur le fond gris-bleu du plumage, sont si bien arrondies et si régulièrement disposées, qu'on les dirait tracées au pinceau par un peintre. L'oiseau semble peint, de là son nom.

La pintade a les formes arrondies. Son aile courte, sa queue pendante et la disposition générale des plumes du dos, lui donnent une apparence bossue. Le cou est fluet. Imitant en cela son compatriote le chameau, la pintade le redresse et l'allonge, quand elle fuit à la hâte, pareille à une boule qui roule. La tête est petite et en partie dépourvue de plumes, à la manière de celle du dindon.

Fig. 148. — La Pintade.

Deux barbillons teintés de rouge et de bleu pendent à la base du bec. Le haut du crâne est défendu par une peau sèche, se relevant en forme de casque, qui n'est peut-être pas sans utilité lorsque, dans leur humeur batailleuse, les pintades s'excriment à se fendre mutuellement la tête à coup de bec. Les œufs, excellents et nombreux, la chair, de qualité supérieure, recommandent cet oiseau à notre attention; malheureusement la pintade a l'humeur errante, le caractère querelleur et un cri continuel et discordant difficile à supporter.

18. **L'Oie.** — L'oie domestique a pour origine l'oie sauvage, oiseau voyageur que nous voyons passer deux

fois par an, aux approches de l'hiver pour se rendre vers le sud, et au retour de la belle saison pour se rendre vers le nord. Si la troupe est peu nombreuse, les oiseaux qui la composent se rangent sur une seule file; si la bande est nombreuse, deux files égales sont formées et se rejoignent en un angle aigu, qui s'avance la pointe la première, pour s'enfoncer avec la moindre fatigue dans la masse de l'air. Le vol des oies en voyage est ordinairement très élevé; la bande ne se rapproche de terre que par les temps brumeux. Si alors quelque métairie se

Fig. 149. — L'Oie.

Fig. 150. — Le Canard.

trouve à proximité, il arrive parfois que des coups de clairon retentissants se répondent du ciel à la terre et de la terre au ciel. Ce sont les oies de passage et les oies domestiques qui échangent des pourparlers. Les voyageuses engagent les captives à venir les rejoindre, pour le pèlerinage printanier aux terres du nord. La proposition met la basse-cour en émoi, tant le vieil instinct se ranime. Les oies de la ferme s'agitent, trompettent, se battent les flancs de leurs grandes ailes; mais l'embonpoint de la captivité arrête leur essor.

Avant que l'Amérique nous eût donné le dindon, l'oie était recherchée pour sa chair, qui ne manque pas de mérite quoique inférieure à celle de l'oiseau du nouveau monde. L'oie à la broche était la pièce d'honneur dans les grands repas de famille. Aujourd'hui que le dindon l'a supplantée dans les solennités de table, elle est élevée principalement en vue de sa graisse, très fine, savoureuse et rivalisant de services avec le beurre. Quant à sa chair, mise au second rang et regardée comme produit accessoire, elle est salée et conservée ainsi que cela se pratique pour la viande de porc. La région qui pour centre a Toulouse est la plus renommée en ce genre d'industrie. On y élève par grand troupeaux une race d'oies, remarquable par sa forte taille et sa prédisposition à l'embonpoint. La poche à graisse qui lui pend sous le ventre traîne jusqu'à terre et devient assez lourde pour gêner la marche de l'animal. Le plumage est gris foncé, relevé de traits bruns ou noirs; le bec est orangé et les pattes couleur de chair.

19. **Le Canard.** — Le canard sauvage, souche de notre canard domestique, est un superbe oiseau, du moins le mâle, car la femelle est de costume moins riche, ainsi que cela se remarque du reste dans les autres oiseaux. La tête et le haut du cou sont d'un vert émeraude, à reflets éclatants comme ceux des métaux polis; au-dessous règne un collier blanc, qui par sa coloration mate contraste avec le feu des teintes voisines. Le pourpre bruni s'étend de la base du cou sur la poitrine, d'où il dégénère graduellement en gris sur les flancs et le ventre. Le vert changeant mélangé de noir colore la région de la queue, d'où s'élèvent, frisées en un crochet, quatre petites plumes. Au centre des ailes, une bande de magnifique azur est encadrée d'abord de bleu velouté, puis de blanc. Enfin le bec est d'un vert jaunâtre, les pieds sont orangés. Tel est le canard à l'état libre, et tel il est encore fréquemment en domesticité, malgré les nombreuses variations de plumage que la servitude lui a fait subir. Le canard sauvage a l'aile vigoureuse et l'amour passionné des voyages. Aussi le trouve-t-on à peu près partout; mais il ne séjourne longtemps nulle part, si ce n'est dans les régions les plus septentrionales, la Laponie, le Spitzberg, la Sibérie, dont il affectionne les solitudes pour nicher et passer la belle saison. Deux fois dans l'année, il est de passage chez nous: au printemps, lorsqu'il remonte vers le

nord, en automne, lorsqu'il revient du pôle et va, jusqu'en Afrique, prendre ses quartiers d'hiver en des pays plus chauds.

Par un ciel gris de novembre, alors que la neige menace, il n'est pas rare de voir passer du nord au sud, à une grande élévation, des oiseaux voyageurs rangés à la file l'un de l'autre sur deux lignes qui se rejoignent en pointe, à la manière des deux branches d'un V. C'est une bande de canards en émigration. Ils fuient les approches du froid, et vont, en des climats plus doux, peut-être par delà la mer, trouver une nourriture assurée dans des eaux qui ne gèlent point.

CHAPITRE XVI

DIFFÉRENCES ENTRE LES ANIMAUX : ANIMAUX AYANT DES OS OU DES ARÊTES : SQUELETTE

1. **Os et arêtes.** — Comparons entre eux, sous le rapport de la structure générale, le chien, l'écrevisse et la limace ; nous leur trouverons des différences d'organisation des plus frappantes. Le chien a pour soutien de son corps une charpente intérieure, de nature pierreuse et formée de l'assemblage de diverses pièces appelées *os*. Cette charpente, sur laquelle le reste de l'animal prend appui, se nomme le *squelette*. On retrouve semblable support osseux chez tous les animaux vêtus de poils et doués de mamelles, enfin chez tous les mammifères, comme le chat, le mouton, le renard, le lion, le bœuf, etc. On le retrouve encore chez tous les oiseaux, chez les serpents, les lézards, les tortues, les grenouilles ; enfin chez les poissons, dont les os, pour la plupart, prennent le nom vulgaire d'*arêtes*.

2. **Squelette.** — Le *squelette* est la charpente soutenant l'édifice du corps dans les animaux qui, pour la structure, occupent le premier rang. Les pièces qui le composent sont les *os*. Dans un animal vieux, les os sont durs et

cassants comme la pierre; dans un animal jeune, ils sont assez tendres et flexibles. Chacun, à table, peut reconnaître cette différence, s'il ne l'a déjà reconnue. Les os d'un jeune poulet, du moins aux extrémités, cèdent sous la dent et sont mangeables; ceux d'une volaille âgée sont rejetés en entier comme trop durs. Même différence entre les os d'un jeune agneau et ceux d'un mouton. Le chien ne laisse rien des premiers; il laisse une bonne partie des seconds, qu'il ne peut achever de broyer entre ses puissantes mâchoires. Donc l'os durcit à mesure que l'animal se fait plus vieux.

Au début, l'os est uniquement formé de *cartilage*, matière tendre quoique ferme, régal du chien et parfois aussi le nôtre; mais peu à peu ce cartilage se pénètre de matière pierreuse, ce qui rend l'os dur et cassant. Le jeune âge a l'os cartilagineux et souple, qui permet les chutes sans danger; l'âge mûr a l'os pierreux, charpente plus robuste, mais aussi plus fragile, qui ne supporterait pas sans péril les folâtres ébats des premières années. Ce qui est pour vous, enfants, culbute dont on rit, serait grave accident pour une personne âgée; l'os qui fléchit chez vous, casse dans l'homme fait.

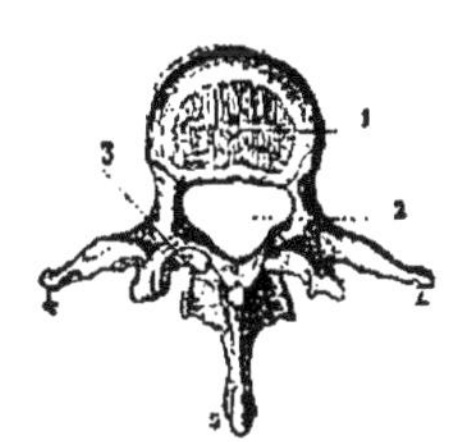

Fig. 151. — Une vertèbre.

Le squelette comprend la *tête*, le *tronc* et les *membres*. La tête existe toujours, ainsi que le tronc: mais les membres manquent parfois, en particulier dans la couleuvre et les autres serpents. La partie la plus importante du tronc est la *colonne vertébrale* ou *colonne épinière*, robuste pilier qui sert de soutien au reste de l'édifice osseux. Elle est formée d'une série d'os nommés *vertèbres*, empilés l'un sur l'autre. La tête elle-même est son prolongement. De toutes les pièces osseuses, ce sont les vertèbres qui varient le moins de forme d'une espèce animale à l'autre; ce sont elles aussi qui persistent les dernières dans tout squelette si simplifié qu'il soit. Une colonne vertébrale et sa dépendance la tête, tel est au moins l'édifice des os dans sa plus grande simplification. C'est ainsi que les serpents, dépourvus de membres et par conséquent des os qui entrent dans leur structure, sont réduits à une longue piles de vertèbres, dont les antérieures se renflent et forment la tête.

La vertèbre est donc l'os général, l'os qu'on retrouve partout, alors même que le reste manque. Aussi pour désigner les animaux doués d'une charpente osseuse, se sert-on du nom de l'os qui leur est commun à tous : on les dit *vertébrés*. Par opposition, on nomme *invertébrés* les animaux dépourvus de squelette osseux.

3. **Annelés**. — Considérons maintenant l'écrevisse. A l'intérieur, aucune charpente osseuse ; mais à l'extérieur, la peau durcit et s'encroûte de matière pierreuse pour former une sorte de cuirasse ou d'armure protégeant l'animal. De

Fig. 152. — L'Écrevisse.

Fig. 153. — La Libellule.

plus, cette armure se divise transversalement au corps en plusieurs pièces qui s'articulent l'une à l'autre, c'est-à-dire s'ajustent en conservant leur mobilité. Cette structure par pièces distinctes, articulées bout à bout et réunies au moyen d'une membrane souple, se remarque aussi dans les pattes, tant les grosses que les petites, formées de tronçons rangés en file ; elle se retrouve jusque dans les cornes ou *antennes*, où un œil patient pourrait compter par centaines les fines pièces dont elles sont composées. En somme, le corps de l'écrevisse peut être comparé à un ensemble d'anneaux plus ou moins larges réunis bord à bord par une soudure flexible.

Il est facile de constater dans le hanneton, principalement au ventre et aux pattes, cette structure par pièces articulées, par anneaux ajustés bout à bout. La *Libellule* de la figure 153 nous en offre encore un exemple frappant, le ventre est une série très nette d'anneaux. Enfin tous les insectes, dans leurs membres et dans leur corps, nous montreraient arrangement pareil. Mais c'est surtout sous leur premier état, celui de larve, chenille ou ver, que les insectes se montrent comme une suite de pièces semblables entre elles et disposées bout à bout. Considérons, par exemple, la chenille du *Cossus gâte-bois*. D'un bout à l'autre du corps, l'animal est formé de tronçons à peu

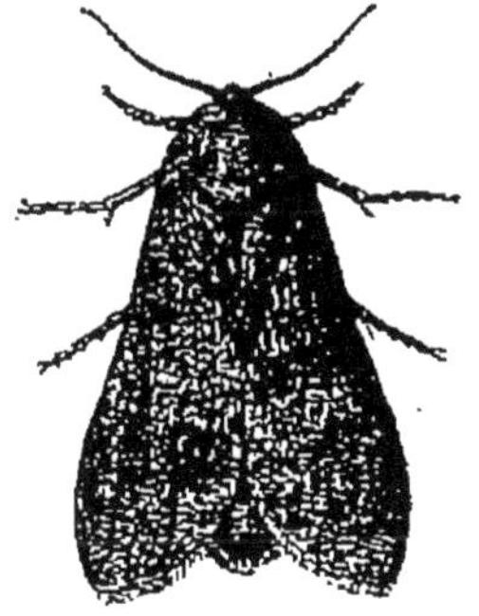

Fig. 154. — Le Cossus gâte-bois.

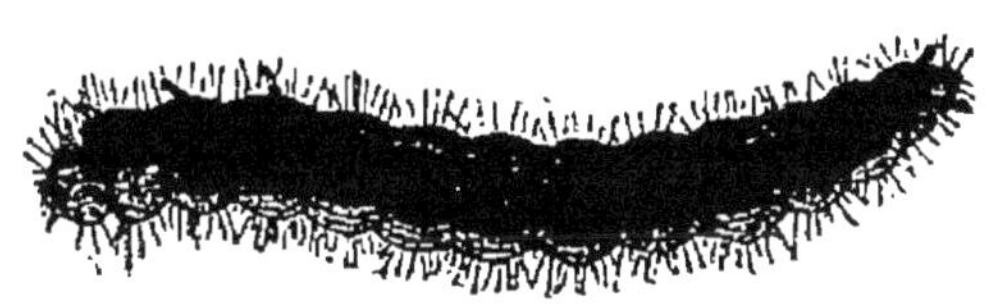

Fig. 155. — Chenille du Cossus.

près semblables; une même pièce treize fois répétée en file constitue la chenille. Cette hideuse larve est rougeâtre. Elle vit plusieurs années dans les troncs d'arbre, qu'elle ronge et fait dépérir. Par la métamorphose, elle devient un gros papillon gris.

Enfin, un œil attentif peut reconnaître sur le corps du *Lombric* ou vulgaire ver de terre, ainsi que sur le corps de la *Sangsue*, la division transversale caractéristique de

Fig. 156. — La Sangsue.

l'écrevisse et des insectes. On y remarque de fins sillons, des stries, qui sont les indices de la structure par segments ou anneaux.

Eh bien! tous les animaux dont le corps est partagé en une série de pièces disposées bout à bout, se nomment *animaux annelés*, pour rappeler les anneaux ou tronçons dont ils se composent. L'écrevisse, le homard, les insectes, le ver de terre, la sangsue, sont des animaux annelés.

4. **Mollusques.** — Quoique animal rampant et à peau nue, la limace n'a pas la structure du ver. Rien à la surface du corps n'indique la division par anneaux : aucun pli, aucune rainure transversale ne rappelle ici l'animal annelé. De plus, tout le corps est mou, sans charpente os-

Fig. 157. — La Limace.

Fig. 158. — L'Escargot.

seuse à l'intérieur, sans armure pierreuse comme chez l'écrevisse, sans armure de corne comme chez le hanneton. L'escargot, si voisin de la limace, possède, il est vrai, la coquille, demeure de pierre où l'animal rentre en entier quand il se croit en danger. Mais cette coquille n'est nullement une cuirasse comparable à celle de l'écrevisse, cuirasse résultant de la peau durcie et encroûtée de matières minérales. L'huître pareillement a pour demeure une coquille, mais formée de deux écailles, qui s'entre-bâillent ou se ferment à la volonté de l'animal. Dans tous les trois, limace, escargot, huître, le corps est mou, sans aucune trace de division par anneaux. Les animaux de structure semblable, les uns tout à fait nus, les autres, plus nombreux, doués d'une coquille, se nomment *animaux mollusques*, du mot latin *mollis*, mou. On fait ainsi allusion à la molle consistance de leur corps.

Fig. 159. — Un polype du corail.

5. **Zoophytes.** — Enfin les eaux de la mer nourrissent une foule de petits animaux qui, à ne tenir compte que de la forme, rappellent encore plus la plante que l'animal. Avec

leurs délicats organes de chasse, étalés en rond pour saisir au passage la nourriture qu'amène le flot, beaucoup d'entre eux ressemblent à des fleurs épanouies, dont ils ont l'élégance de forme et parfois la coloration. Tel est le polype du corail, que reproduit la figure 159. On désigne ces animaux par le terme de *zoophytes*, expression empruntée au grec et signifiant *animal-plante*.

En résumé, nous reconnaissons dans la série animale : 1° les *vertébrés*, animaux doués d'une charpente osseuse interne ou d'un squelette ; 2° les *annelés*, animaux dont le corps est transversalement divisé en segments ou anneaux ; 3° les *mollusques*, animaux à corps mou, très souvent mais non toujours doués d'une coquille ; 4° les *zoophytes*, ou animaux-plantes, ainsi appelés à cause de leur structure rayonnante semblable à celle d'une fleur.

CHAPITRE XVII

ANIMAUX DÉPOURVUS DE SQUELETTE ET FORMÉS D'ANNEAUX. VERS.

1. **Articulés et Vers.** — Les animaux *annelés* se reconnaissent, avons-nous dit, à leur corps divisé transversalement en une série d'anneaux ou articles, plus ou moins semblables entre eux. Les uns sont doués de membres, au nombre de trois paires au moins, et formés de diverses pièces articulées bout à bout. Leur peau est en outre durcie en une enveloppe résistante. Les animaux ainsi organisés se nomment *articulés*. Les autres sont dépourvus de membres ou ne possèdent que des tubercules hérissés de soies ; leur peau n'est pas durcie. On les nomme les *vers*.

Quatre classes composent la division des articulés, savoir : les *Insectes*, les *Myriapodes*, les *Arachnides* et les *Crustacés*.

INSECTES.

2. **Insectes.** — Dans le corps de tout insecte se reconnaissent trois parties, la *tête*, le *thorax* et l'*abdomen*. La tête porte les *antennes*, plus ou moins longues et de forme très variable, vulgairement les cornes. Sur les côtés sont les *yeux composés* ou à *réseau;* sur le haut du crâne, quelques-uns, mais non tous, ont en outre des *yeux simples* ou *stemmates*.

Le thorax est formé de l'assemblage de trois anneaux, dont le premier est, chez divers insectes, nettement séparé des deux autres et prend le nom de *corselet*. Les trois anneaux du thorax portent chacun, à leur face inférieure, une paire de pattes. Les deux derniers portent en outre des ailes à leur face dorsale.

Les anneaux de l'abdomen ou ventre sont ordinairement au nombre de neuf.

La plupart des insectes subissent des métamorphoses, ainsi que nous l'avons déjà dit au sujet du ver à soie, du hanneton et de la mouche.

3. **Yeux des insectes.** — De chaque côté de la tête, presque tous les insectes présentent une ample calotte courbe où la loupe reconnaît une multitude de facettes hexagonales, régulièrement assemblées comme les pièces d'un carrelage. Chacune de ces facettes correspond à un œil. Assemblés en un faisceau commun, mais indépendants les uns des autres, ces yeux élémentaires constituent *l'œil composé* ou *à facettes*. Leur nombre est de neuf mille de l'un et de l'autre côté de la tête pour le hanneton; il atteint jusqu'à vingt-cinq mille pour certains insectes.

En outre des yeux composés, beaucoup d'insectes, tels que les cigales, les libellules, les abeilles, les guêpes, les bourdons, possèdent des yeux *simples* ou *stemmates*. Ceux-ci sont au nombre de trois et disposés en triangle sur le haut de la tête, où ils brillent parfois comme de petits rubis. Les stemmates paraissent servir à la vision des objets rapprochés, et les yeux à facettes à la vision des objets éloignés.

4. **Scarabées.** — Les insectes comprennent les *Scarabées*, les *Sauterelles*, les *Libellules*, les *Abeilles*, les *Papillons*, les *Punaises*, les *Mouches*, les *Parasites*.

Les scarabées possèdent deux paires d'ailes, dont les supérieures ne sont pas propres au vol, mais constituent un bouclier corné ou étui protecteur sous lequel se replient les ailes suivantes, de nature membraneuse. Ces ailes cornées se nomment *élytres*. Plus rarement, les ailes membraneuses manquent et l'insecte, réduit à ses élytres, ne peut voler. Tel est le cas des diverses

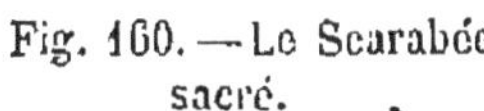

Fig. 160. — Le Scarabée sacré.

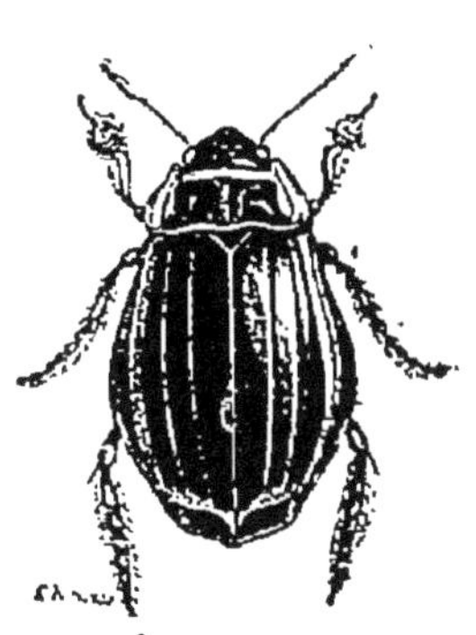

Fig. 161. — Le Dytique.

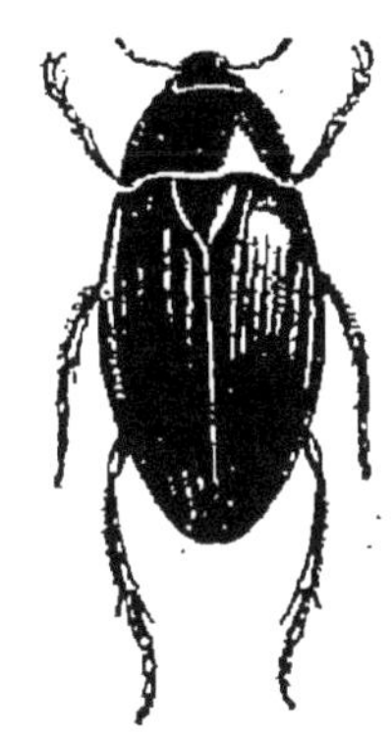

Fig. 162. — L'Hydrophile.

espèces de carabes, dont quelques-unes fréquentent nos jardins.

Les métamorphoses des coléoptères sont *complètes*, c'est-à-dire que chez ces insectes la forme initiale et la forme finale ne se ressemblent pas, et que le passage de l'une à l'autre se fait par un état intermédiaire dans lequel l'insecte est immobile, inactif. En d'autres termes, l'animal est successivement *larve, nymphe, insecte parfait.*

A cet ordre appartiennent le *Scarabée sacré*, qui roule pour sa nourriture et celle de sa larve des pilules de bouse, et était, dans l'antique Égypte, un objet de vénération; le *Dytique* et l'*Hydrophile*, tous les deux habiles nageurs, habitants des mares; le *Capricorne*, remarquable par ses longues antennes et dont la larve vit dans le tronc du chêne ; le *Lucane*, dont les mandibules, extraordinairement développées, ont un peu l'aspect des cornes du cerf, ce qui a fait donner à l'insecte le nom vulgaire de *Cerf-volant;* le *Hanneton*, qui, sous son état de larve,

Fig. 163. — Le Carabe des jardins.

Fig. 164. — Le Carabe doré.

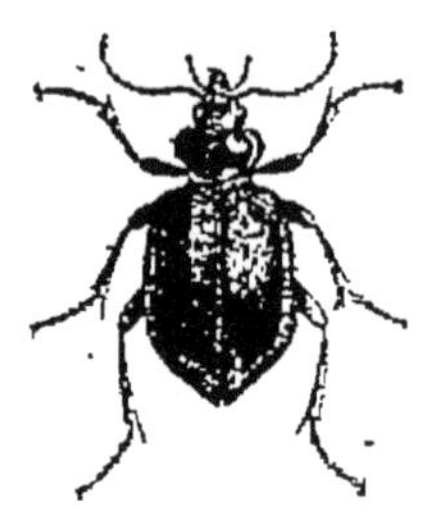

Fig. 165. — Le Calosome.

ronge les racines des plantes et ravage les cultures, les *Carabes* et les *Calosomes*, qui vivent de proie et n'ont pas d'ailes sous les élytres.

5. **Sauterelles.** — Les ailes supérieures forment un étui,

Fig. 166. — Le Criquet voyageur.

Fig. 167. — Le Grillon.

sans avoir néanmoins la consistance des élytres des scarabées ; les ailes inférieures, au lieu de se plier en travers pendant le repos, se plissent dans le sens de la longueur, à la manière d'un éventail. Les pattes postérieures sont généralement longues et à cuisses vigoureuses, ce qui en fait des animaux sauteurs.

Les métamorphoses sont incomplètes : la forme initiale ne diffère de la forme finale que par l'absence d'ailes, et l'insecte passe de l'une à l'autre sans éprouver d'interruption dans son activité.

Dans cet ordre se rangent les *Criquets*, dont l'un, le *Criquet voyageur*, fréquent surtout en Afrique, erre par immenses nuages d'une contrée à l'autre, dont il détruit toute végétation; la *Courtilière*, qui creuse des galeries sous terre à la manière de la taupe, et est le fléau des jardins; les *Sauterelles*, les *Grillons*, dont le chant est produit par la friction des ailes l'une sur l'autre.

6. **Libellules.** — Ces insectes ont les quatre ailes propres

Fig. 168. — L'Agrion.

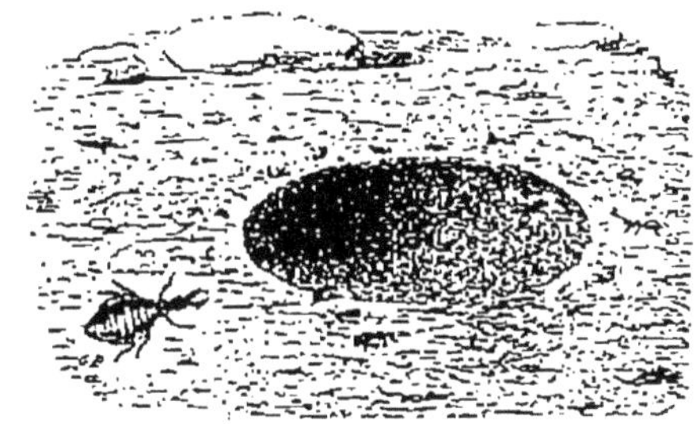

Fig. 169. — Le Fourmilion avec son entonnoir dans le sable.

au vol, membraneuses, transparentes et très délicates. Leur corps est généralement fluet, très allongé. Presque tous ont des métamorphoses complètes.

Les principaux sont les *Libellules*, les *Agrions* vulgairement *Demoiselles*, les *Fourmilions*. Sous leur forme adulte, les fourmilions ont la forme élancée des agrions; sous leur forme de larve, ce sont des animaux lourds, trapus, qui prennent par ruse les fourmis, dont ils se nourrissent. Un entonnoir est creusé dans du sable très mobile, et au fond s'embusque la larve, lançant avec sa tête plate des jets de sable pour faire précipiter dans le gouffre les fourmis qui viennent à passer.

7. **Abeilles.** — Les ailes sont au nombre de quatre, toutes membraneuses et transparentes, croisées sur le

corps pendant le repos. Les métamorphoses sont complètes. Beaucoup d'entre eux sont armés au bout du ventre d'un aiguillon venimeux; de ce nombre sont l'*Abeille ordinaire* et la *Guêpe*. C'est dans cette série que se trouvent les insectes les plus remarquables par leur

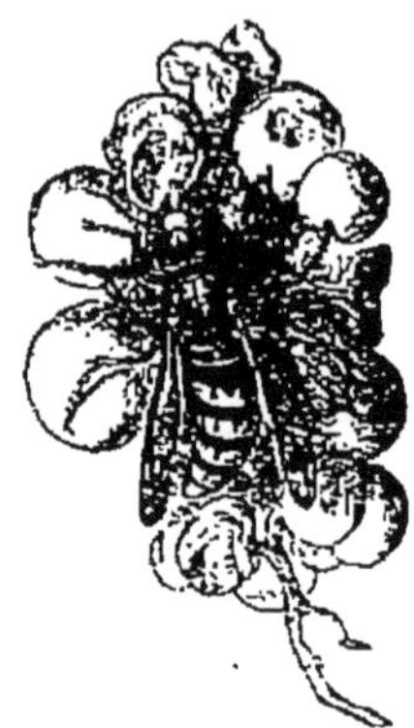

Fig. 170. — La Guêpe.

Fig. 171. — Le Poliste et son nid.

industrieux instinct et leurs mœurs. Citons les *Abeilles*, les *Fourmis*, les *Guêpes*, les *Bourdons*, les *Polistes*.

8. **Papillons.** — Les pièces de la bouche sont disposées en une longue trompe semblable à un fil, roulée en

Fig. 172. — La Pyrale de la vigne et sa chenille.

Fig. 173. — La Noctuelle de la pomme de terre et sa chenille ou ver gris.

spirale au repos. L'insecte la déroule et la plonge au fond des fleurs pour y puiser le liquide sucré dont il se nourrit. Les ailes, au nombre de quatre, sont amples, opaques et richement colorées par une poussière écailleuse. Les métamorphoses sont complètes.

9. **Punaises.** — Les pièces de la bouche forment un suçoir filiforme, droit et raide, appliqué sous le corps pendant le repos. Des deux paires d'ailes, la supérieure est tantôt en entier membraneuse, et tantôt cornée à la base seulement et membraneuse à l'autre bout. Ces ailes, étui consistant d'une part, membrane transparente de l'autre,

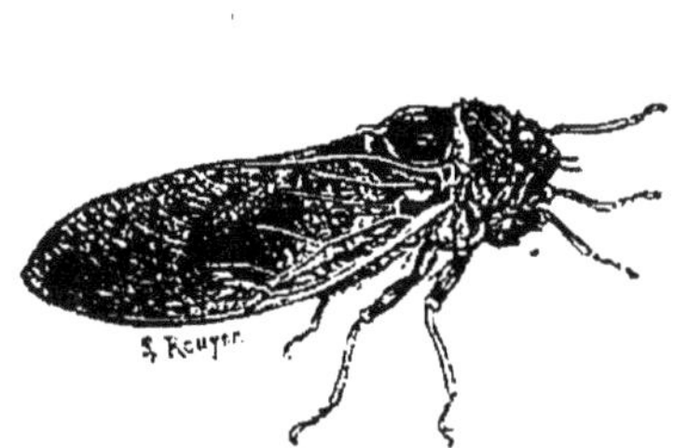

Fig. 174. — La Cigale.

Fig. 175. — La Pentatome ou Punaise des bois.

sont en quelque sorte des demi-élytres. Parfois les deux paires d'ailes manquent. Les métamorphoses sont incomplètes; en devenant adulte, l'insecte ne change généralement ni de forme ni de manière de vivre. Dans cet ordre se rangent les *Cigales*, rendues célèbres par leur chant qui ne discontinue pas de tout le jour pendant les fortes

Fig. 176. La Punaise des bois.

Fig. 177. L'Oscine du seigle.

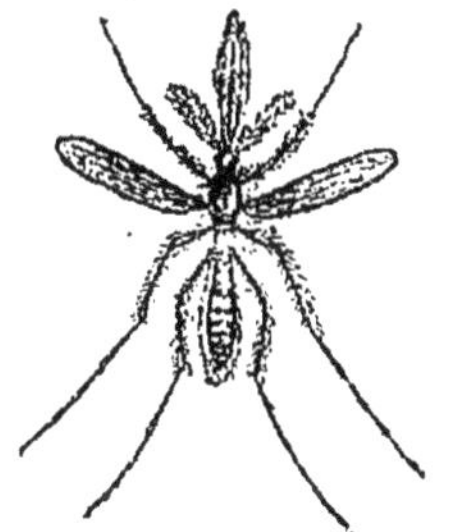

Fig. 178. Le Cousin.

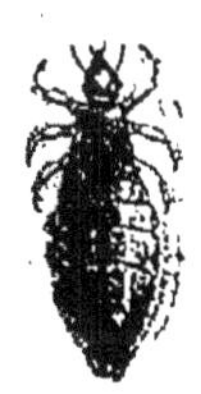

Fig. 179. Le Pou.

chaleurs de l'été; les *Pentatomes* ou punaises des bois, les *Punaises*, odieux hôtes de nos lits, les *Pucerons*, qui vivent immobiles en familles innombrables sur une foule de plantes.

9. **Mouches.** — Les organes de la bouche sont disposés en un suçoir, tantôt mou et rétractile, tantôt rigide et al-

longé. Il n'y a qu'une paire d'ailes, membraneuses et transparentes. Les métamorphoses sont complètes. Les *Mouches*, les *Taons*, qui s'abattent sur les bœufs et les chevaux pour en sucer le sang, les *Cousins*, si désagréables par leurs cuisantes piqûres, appartiennent à cet ordre. Mentionnons encore l'*Oscine du seigle*, qui à l'état de larve ronge les chaumes des céréales.

11. **Parasites.** — Ce sont des insectes suceurs, dépourvus d'ailes et ne subissant pas de métamorphoses. Comme leur nom l'indique, ils vivent sur le corps d'autres animaux. Le plus connu est le *Pou*.

MYRIAPODES.

12. **Notions générales.** — Les *Myriapodes* ou *Mille-pieds* ont le corps composé d'une longue série d'anneaux presque tous pareils entre eux, sans distinction de thorax et d'abdomen. Chacun de ces anneaux, sauf ceux des extrémités, porte une paire de pattes ou même deux paires. De cette multiplicité de pattes vient le nom de ces animaux. Les myriapodes ne subissent pas de métamorphoses; seulement, avec l'âge, le nombre des anneaux et des pattes s'accroît jusqu'à ce que l'animal soit devenu adulte.

Fig. 180. — Iule.

Fig. 181. — Cryptops.

Parmi les genres principaux, nous citerons les *Iules* dont les anneaux, à demi pierreux, ont double paire de pattes; les *Géophiles* et les *Cryptops*, habitants de nos jardins; enfin les *Scolopendres*, qui se trouvent dans le Midi, atteignent une assez grande taille et ont la morsure venimeuse.

ARACHNIDES

13. **Structure.** — En général, le corps des *Arachnides* se divise en deux parties distinctes : le *céphalothorax*, formé de la réunion de la tête et du thorax, enfin l'*abdomen*. Sur le bord antérieur du céphalothorax sont les yeux, toujours simples et ordinairement au nombre de huit. Les antennes manquent. Les pattes sont au nombre de quatre paires. La plupart de ces animaux se nourrissent de proie vivante, et sont armés d'un appareil venimeux pour se rendre maître de leur capture.

Parmi les arachnides sont les *Araignées* les *Scorpions* et les *Acares*.

Fig. 182.
Le Scorpion.

14. **Scorpions.** — Les scorpions portent en avant deux volumineuses pinces, semblables de forme aux pinces de l'écrevisse, mais qui, au lieu d'être de véritables pattes, sont des pièces de la bouche. Le corps se termine en arrière par une série d'anneaux noueux, formant une sorte de queue. Malgré ses apparences, cette partie est en réalité l'abdomen, puisque le canal digestif la parcourt dans toute sa longueur. Elle porte à l'extrémité l'arme du scorpion, le *dard*, percé à la pointe d'une fine ouverture et renflé à la base en une ampoule qui est le réservoir et la fabrique à venin.

On trouve dans le midi de la France deux espèces de ces arachnides malfaisants : le *Scorpion ordinaire*, qui est d'un brun verdâtre, et se tient dans les lieux frais et obscurs des habitations ; le *Scorpion roussâtre*, beaucoup plus fort, d'un jaune clair, qui se tient sous les pierres dans les collines chaudes et sablonneuses de la région des oliviers. La piqûre du premier est sans gravité ; la piqûre du second peut avoir de funestes suites. Enfin les grosses espèces des pays chauds font des blessures mortelles pour l'homme.

15. **Araignées.** — L'organe venimeux des *araignées* consiste en deux crochets situés à l'entrée de la bouche. Si foudroyante que soit l'action d'une morsure sur une mouche prise dans les filets de l'araignée, elle est sur l'homme à peu près insignifiante. C'est du moins ce que l'on peut affirmer au sujet de presque toutes nos espèces indigènes.

Pour capturer leur proie, envelopper leurs œufs, se faire une demeure, les araignées produisent de la soie. Au bout de l'abdomen se voient quatre ou six mamelons, nommés *filières*, percés au sommet d'une multitude d'orifices, éva-

Fig. 183.— L'Argyronète et sa cloche.

Fig. 184. — Araignée des jardins.

lués à un millier pour l'ensemble des filières. Chacun de ces pores laisse écouler un jet de matière visqueuse, qui, au contact de l'air, durcit et devient fil. Des mille fils agglutinés en un tout commun résulte le fil définitif, employé par l'araignée à la construction de sa toile, où viennent s'empêtrer les insectes, les mouches.

Avec de la soie, l'*Argyronète* se construit sous l'eau une élégante cloche, qu'elle remplit d'air pour les besoins de la respiration; c'est là sa demeure, du fond de laquelle elle guette sa proie.

16. **Acares.** — Les *Acares* sont des animalcules microscopiques, dispersés un peu partout. Il y en a qui vivent sous les pierres, sur les feuilles, dans les fissures des

écorces, au sein des eaux; d'autres rongent nos provisions, la farine, les vieux fromages, les salaisons; d'autres sont parasites sur le corps de divers animaux. L'un d'eux, le *Sarcopte de la gale*, habite la peau de l'homme et donne lieu à une dégoûtante maladie. Nous avons déjà fait connaître ce parasite, ainsi que l'acare ou mite du fromage.

CRUSTACÉS.

17. **L'Ecrevisse, le Homard.** — Presque tous les crustacés habitent l'eau, et ceux qui se tiennent à terre, comme les *Cloportes*, ont néanmoins besoin d'une certaine fraîcheur; aussi se tiennent-ils dans les lieux obscurs et humides, par exemple sous les pierres, au pied des murs.

Fig. 185. — Le Crabe.

La bouche est bien compliquée et comprend, chez les crustacés masticateurs, jusqu'à six paires de mâchoires

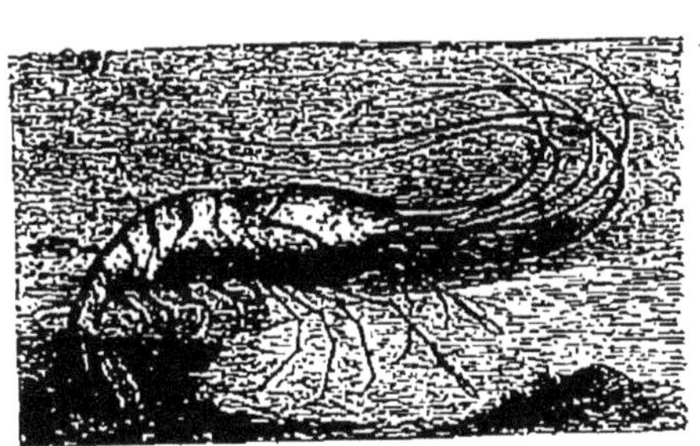

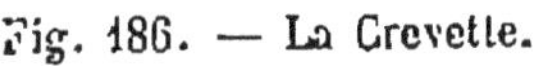

Fig. 186. — La Crevette.

Fig. 187. — Pêche des Crevettes.

superposées. Les téguments sont remarquables par leur dureté, qu'ils doivent à la forte proportion de matière pierreuse dont ils sont encroûtés. Le nom de crustacé fait précisément allusion à cet encroûtement pierreux de la peau.

Ces animaux sont de facultés très bornées, et n'ont rien, dans leurs mœurs, qui puisse nous intéresser. Les plus remarquables, sont les *décapodes* ainsi nommés du nombre de leurs pattes, nombre qui est de dix. La paire antérieure forme souvent deux volumineuses pinces, terminées par deux doigts, dont l'un est mobile. La tête et le thorax sont réunis en une seule pièce, que recouvre en-dessus une grande *carapace.* L'abdomen, mal à propos nommé la queue, est très développé et se termine par des lames étalées transversalement en nageoire chez les espèces habiles dans la natation, comme dans l'*Écrevisse* de nos ruisseaux, le *Homard,* la *Crevette* et la *Langouste* de la mer; il est court et replié sous le thorax chez les espèces organisées pour courir, comme les divers *Crabes.*

VERS

10. **Annélides.** — Les *annélides* ont le corps divisé en une nombreuse série d'anneaux par des replis de la peau. Quelques espèces, la *Sangsue* et le *Lombric,* habitent les eaux douces et la terre humide; d'autres, en plus grand

Fig. 188. — Groupe de Serpules.

Fig. 189. — Le Lombric ou Ver de terre.

nombre, vivent dans la mer. Les organes locomoteurs consistent d'habitude en bouquets de soie raides; c'est ainsi que le ver de terre a sur chaque segment huit soies très courtes et âpres. La plupart des annélides vivent à découvert; mais quelques-unes, notamment les *Serpules,*

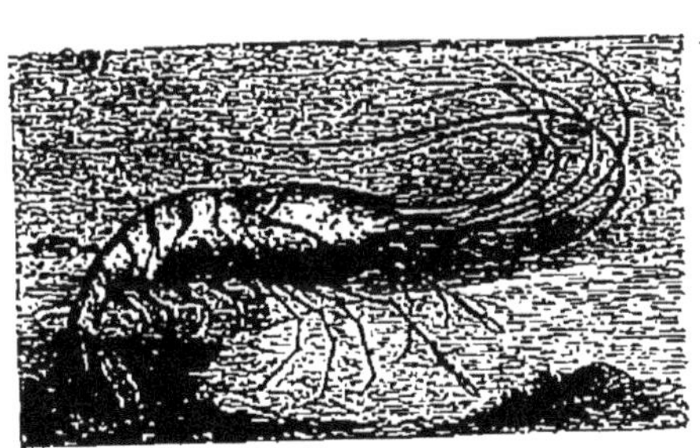

habitent dans la mer un long tube pierreux produit par l'exsudation de la peau; d'autres agglutinent en un fourreau des grains de sable et des débris de coquillages. La bouche est fréquemment armée d'une trompe rétractile; d'autres fois, elle est munie de mâchoires cornées. C'est ainsi que la *Sangsue* médicinale est douée, pour mâchoires, de trois lames dures, dentelées en scie, au moyen desquelles, pour sucer le sang, elle incise la peau de trois entailles rayonnantes.

19. **Helminthes.** — On désigne sous le nom d'*Helminthes* des animaux annelés qui vivent en parasites à l'intérieur d'autres animaux. Les plus remarquables d'entre eux sont les vers rubannés ou *Ténias*, dont le *Ver solitaire* fait partie.

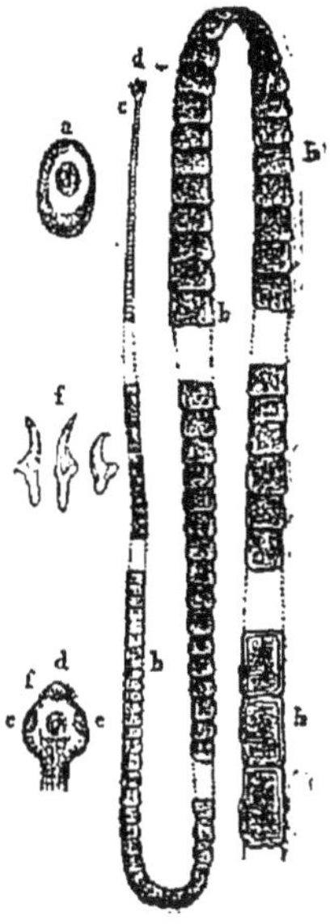

Le ténia de l'homme, ou ver solitaire, mesure jusqu'à quatre et cinq mètres de longueur. Figurons-nous une bandelette d'un blanc mat, une sorte de ruban, d'abord aussi menu qu'un crin vers la tête, puis s'élargissant petit à petit et atteignant la dimension d'un centimètre; représentons-nous la longueur entière de l'animal divisée en tronçons ou articles, les uns carrés les autres oblongs, placés bout à bout comme des graines de melon enfilées les unes à la suite des autres, et nous aurons une idée du ténia de l'homme.

Fig. 190. — Le Ver solitaire, sa tête et ses crochets.

Tous ces articles sont pleins d'œufs. Les plus vieux se trouvent au bout de la chaîne. A mesure qu'ils sont mûrs, ils se détachent spontanément et sont entraînés au dehors, parfois isolés, plus fréquemment par groupes. Cette chute périodique des segments mûrs ne diminue en rien la vigueur du ténia, car celui-ci produit, bourgeonne incessamment de nouveaux articles qui remplacent les premiers. Aussi, tant que la tête n'est pas expulsée, le patient n'est pas débarrassé de son hôte. Le ver perdrait-il la presque totalité de son ruban, c'est résultat nul. Pourvu que la tête reste, solidement fixée à la paroi de l'intestin avec sa double couronne de crochets, de nouveaux articles se forment, et le ténia reprend sa longueur. Enfin les articles arrivés à maturité et rejetés en dehors avec les déjections stercorales, se fendent, s'ouvrent, et livrent aux vents leurs innombrables germes.

Le trait le plus curieux de l'histoire des ténias et autres vers rubanés se trouve dans les migrations que l'animal issu de l'œuf doit accomplir pour arriver à sa destination finale. La vie d'un ténia débute dans un animal et finit dans un autre.

Le ténia de l'homme commence son évolution dans le porc, chez lequel il provoque une maladie dite *ladrerie*. Le porc atteint de ladrerie a la chair et le lard farcis d'une multitude de grains blancs et ronds, depuis la grosseur d'une tête d'épingle jusqu'à celle d'un pois et au-delà. Chacun de ces grains est une loge, une cellule, où vit un ver nommé *Hydatide*, premier état du ténia. Dans un hydatide se voit une petite vessie pleine d'un liquide clair comme de l'eau; sur cette vessie un cou très court et ridé; enfin, à l'extrémité de ce cou, une tête ronde portant sur les côtés quatre suçoirs, et au bout trente-deux crochets rangés en couronne sur un double rang. Les hydatides proviennent des œufs contenus dans les articles mûrs expulsés par l'homme. En se repaissant d'ordures, le porc s'est infesté de germes qui, éclos, sont devenus des hydatides.

Un jour ou l'autre, le porc est sacrifié pour notre nourriture. Si l'animal est ladre, nos vivres sont pleins d'une vermine qui résiste à la puissance digestive de l'estomac, s'établit dans l'intestin, s'y développe et devient ténia. Les préparations crues, telles que le jambon et le saucisson, sont seules à redouter, parce que la salaison et la dessiccation laissent en vie les vers, sinon tous, du moins quelques-uns. Mais la chair parfaitement cuite, bouillie ou rôtie, est sans danger aucun, parce que la chaleur, à un degré suffisant, détruit sans retour les hydatides dont la viande et le lard peuvent être infestés.

Ces étranges migrations et métamorphoses se résument ainsi : Le ténia débute sous forme d'hydatide dans le porc, qui devient ladre en se repaissant d'ordures où se trouvent des articles mûrs de ténia rejetés par l'homme. Celui-ci prend le ténia en faisant usage de la viande crue du porc ladre. Les hydatides de cette viande se fixent dans l'intestin, où ils s'allongent en vers rubanés.

CHAPITRE XVIII

ANIMAUX A PEAU MOLLE, SANS COQUILLE OU AVEC UNE COQUILLE

MOLLUSQUES.

1. **Caractères généraux.** — On comprend sous le nom de *mollusques* l'ensemble des animaux qui, par les traits généraux de l'organisation, se rapprochent des deux espèces si connues, l'*Huître* et le *Colimaçon*. Les mollusques tirent leur nom de leur peau molle et visqueuse. Quelques-uns sont privés de tout organe protecteur : telle est la *Limace ;* d'autres portent dans l'épaisseur de la peau une plaque calcaire ou cornée ; d'autres, plus nombreux, peuvent complètement s'abriter dans l'intérieur d'une espèce de cuirasse pierreuse, transsudée par la peau et appelée *coquille*.

Tantôt la coquille se compose de deux parties plus ou moins pareilles, nommées *valves*, s'ouvrant et se fermant au gré de l'animal ; on l'appelle alors coquille *bivalve*. Tantôt elle est formée d'une seule pièce roulée en spirale ou figurant un bouclier, et est dite *univalve*.

Tous les mollusques ont, à l'éclosion de l'œuf, la forme qu'ils doivent toujours conserver ; aucun ne subit de métamorphoses. On les divise en plusieurs ordres, dont les principaux sont les *Céphalopodes*, les *Gastéropodes*, les *Acéphales*.

2. **Céphalopodes.** — Ils ont une tête distincte couronnée par un faisceau de longs *tentacules* armés de *ventouses*, au moyen desquelles l'animal se cramponne vigoureusement à l'objet qu'il enlace. Ces ventouses sont en forme de coupe ou de demi-sphère creuse. Au centre de la couronne de tentacules est la bouche, armée de fortes mandibules noires et cornées, pareilles aux mandibules d'un bec de perroquet. Les yeux sont gros, ronds, rappelant ceux des oiseaux de proie nocturnes. A la suite de la

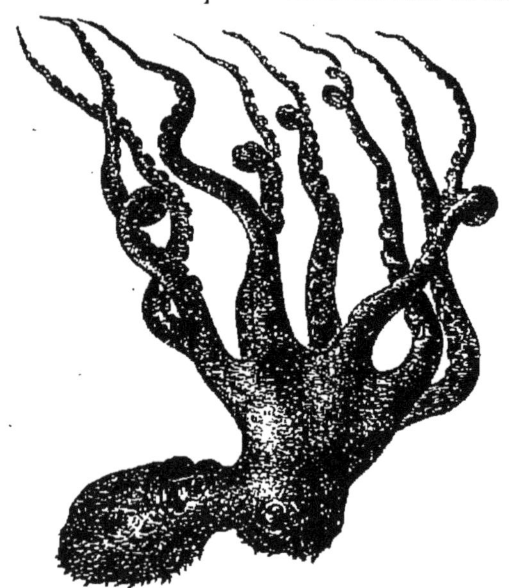

Fig. 191. — Le Poulpe.

tête vient une sorte de sac charnu, où sont logés les organes de la digestion, de la respiration, de la circulation du sang.

Les céphalopodes possèdent une *poche à encre*, c'est-à-dire un réservoir plein d'un liquide noir, que l'animal rejette à volonté dans le but d'obscurcir l'eau autour de lui. C'est en s'entourant de ce nuage artificiel qu'il se rend invisible, soit pour échapper à un danger qui le menace, soit pour surprendre la proie qu'il guette. L'encre d'un céphalopode, la *Seiche*, est employée dans la peinture sous le nom de *sépia*.

Dans cet ordre sont les *Poulpes*, qui ont le sac sans nageoires, les tentacules au nombre de huit, à peu près tous égaux en longueur. Ce sont des animaux vigoureux, capables d'entraîner la perte d'un nageur qui se laisserait enlacer par leurs tentacules à ventouses. Le langage populaire les désigne sous le nom de *pieuvres*.

Les *Calmars* ont dix tentacules, dont une paire beaucoup plus longue que les autres. Leur sac est long, étroit, et bordé postérieurement de nageoires.

Les *Seiches* ont dix tentacules comme les calmars, et le sac bordé de nageoires dans tout son contour. Leur forme

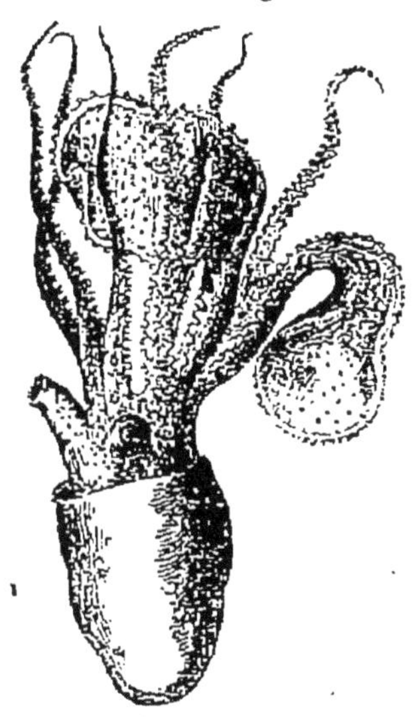

Fig. 192. — L'Argonaute.

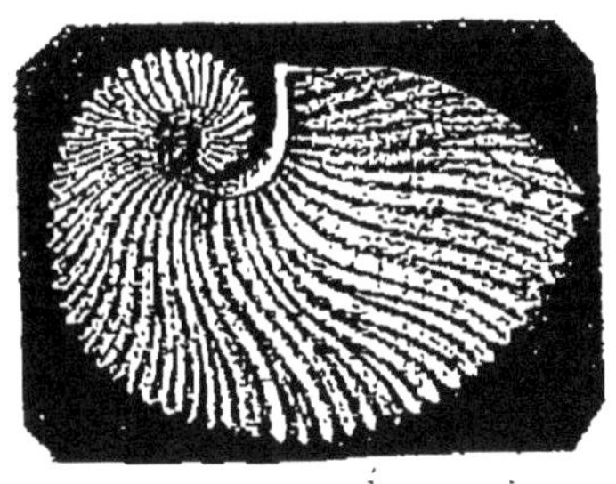

Fig. 193. — Coquille de l'Argonaute.

est ovale, obtuse, déprimée. Elles ont une coquille interne, composée d'une infinité de lamelles calcaires. Cette coquille, connue sous le nom d'*os de seiche*, est suspendue dans la cage de nos oiseaux chanteurs et sert de frottoir pour le bec. Les *Argonautes* habitent une coquille très élégante, mince, légère, d'un beau blanc mat, roulée en spirale.

3. **Gastéropodes.** — Les mollusques *gastéropodes*, auxquels appartiennent la *Limace* et le *Colimaçon*, rampent sur un plan charnu ou *pied* situé au-dessous du ventre; de cette particularité résulte le nom de la classe. Ils ont une tête distincte, munie fréquemment de quatre *tenta-*

cules ou vulgairement *cornes*, dont la paire supérieure, plus longue, porte les yeux à son extrémité ou à sa base. Les uns vivent sur la terre, d'autres dans les eaux douces, d'autres enfin, incomparablement plus nombreux, dans les eaux de la mer.

Quelques gastéropodes sont nus, comme la *Limace;* mais la plupart sont abrités dans une coquille d'une seule pièce, habituellement roulée en volute, en spirale plus ou

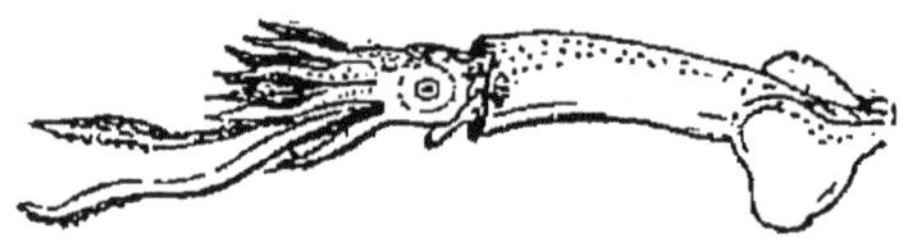

Fig. 194. — Le Calmar.

moins allongée. Cette coquille, composée pour la majeure partie d'une matière pierreuse nommée calcaire, est un produit de la peau. Ses tours de spire augmentent en nombre et en grosseur à mesure que l'animal grandit.

Quelques espèces, et telle est la *Paludine*, fréquente dans tous nos fossés, portent, adhérant au pied, une lame soit cornée, soit pierreuse, nommée *opercule*, qui s'a-

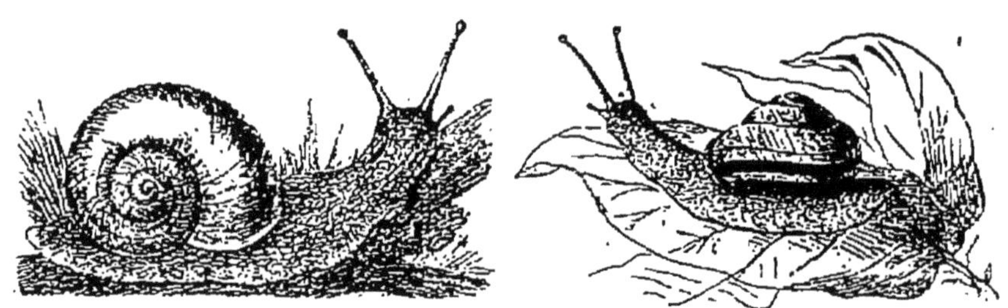

Fig. 195. — Hélice vigneronne. Fig. 196. — Hélice némorale.

dapte exactement à l'ouverture de la coquille et la bouche quand l'animal est rentré dans son abri. D'autres fois, comme pour l'escargot, l'opercule manque; mais aux époques d'engourdissement, le mollusque, enclos dans sa coquille, produit une mince clôture de calcaire et de bave durcie, qui le met à l'abri des dangers de l'extérieur. Cette clôture est temporaire; elle tombe quand l'animal entre de nouveau en activité; elle est refaite quand revient l'état

de torpeur. On la nomme *épiphragme*, et ne se trouve que chez les gastéropodes terrestres.

Parmi les espèces terrestres sont les *Hélices*, vulgairement colimaçons ou escargots ; les *Cyclostomes*, élégantes petites coquilles munies d'un opercule et très fréquentes au pied des haies dans les endroits abrités. Au nombre

Fig. 197. Section d'une coquille.

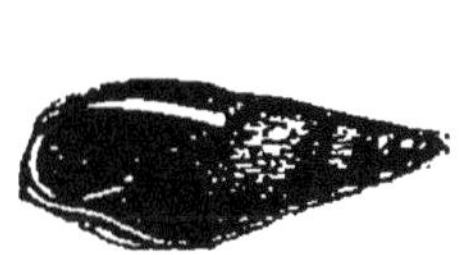

Fig. 198. — Coquille de Limnée.

Fig. 199. Coquille de Planorbe.

Fig. 200. — Coquille d'Haliotide.

des espèces qui habitent les eaux douces sont les *Planorbes*, roulés en une volute plane ; les *Limnées*, amies des eaux stagnantes ; les *Physes*, des eaux vives des fontaines ; les *Paludines*, fréquentes dans la vase des fossés et des étangs. Les espèces marines sont très nombreuses. Signalons les *Murex*, d'où les anciens retiraient leur célèbre teinture de pourpre ; les *Tritons*, grosses coquilles dont on fait des trompes sonores en cassant le bout de la spire.

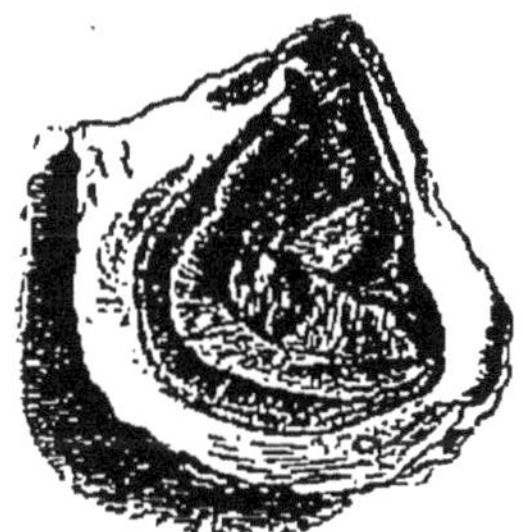

Fig. 201. — L'Huître.

Fig. 202. — La Mulette.

4. **Acéphales.** — Les mollusques qui composent cette classe sont ainsi dénommés parce qu'ils n'ont pas de tête apparente, mais seulement une bouche cachée dans les replis de la peau.

Tous les acéphales sont aquatiques ; quelques genres

habitent les eaux douces, mais le plus grand nombre la mer. La coquille est formée de deux pièces ou *valves*, qui s'ouvrent par l'élasticité d'un bourrelet corné nommé *ligament*, situé à la *charnière* ou bord de jonction. Le ligament a pour antagonistes une ou deux puissantes colonnes charnues ou *muscles*, qui vont transversalement d'une valve à l'autre, où ils sont fixés. Si ces muscles se contractent et se raccourcissent, les deux valves se rapprochent et la coquille se ferme malgré la résistance du ligament; s'ils se relâchent, le ligament agit seul, et par son ressort fait ouvrir la coquille. On voit donc que pour ouvrir une huître, il faut, avec une lame tranchante adroitement introduite, couper le muscle qui maintient les deux valves rapprochées. Ce muscle tranché, la coquille bâille d'elle-même par l'effet du ligament.

Fig. 203. — Le Murex.

Dans les acéphales se classent les *Unio* ou *Mulettes*, très fréquentes dans nos eaux douces; les *Huîtres*, qui fournissent à l'alimentation une ressource des plus estimées; les *Arondes*, qui nous fournissent la nacre et les perles précieuses. L'*Aronde perlière* est au dehors rugueuse et d'un vert noirâtre; au dedans, elle est du plus beau poli et à couleurs douces et changeantes. La couche intérieure,

Fig. 204. — L'Aronde perlière.

Fig. 205. — Le pêcheur de perles.

sciée en lames, en tablettes, est la *nacre*, que nous employons à la fine ornementation. Les perles sont des corps globuleux, formés de la même matière nacrée, à l'intérieur de la coquille. La pêche des arondes perlières se fait

Fig. 206. — Le Corail.

Fig. 207. — La pêche du Corail.

dans les mers de l'Asie, notamment dans le golfe Persique. Les perles qui joignent une grosseur considérable à une belle teinte blanche et des reflets vifs atteignent des prix exorbitants.

CHAPITRE XIX

ANIMAUX AYANT L'APPARENCE DE PLANTES

1. **Le Corail**. — Jetons les regards sur la figure 206. Ne dirait-on pas un arbuste en fleur? Ce n'est pourtant pas une plante : c'est un pied de *Corail*. Chacun connaît les belles perles rouges avec lesquelles on fait des bracelets et des colliers ; eh bien, avant d'être façonné en perles par la main de l'ouvrier, le corail a la forme d'un petit arbuste d'un rouge vif, avec tige,

branches et rameaux. Seulement, l'arbrisseau n'est pas en bois : il est en pierre aussi dure que le marbre, ce qui ne l'empêche pas de se couvrir, au fond de la mer, d'élégantes petites fleurs. Or ces prétendues fleurs épanouies sur des rameaux de pierre sont en réalité des animaux, dont le corail est la demeure commune, l'habitation, le support. On les appelle des *Polypes*.

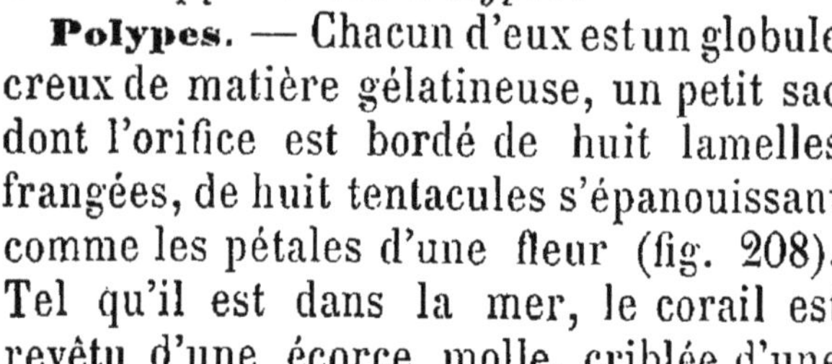

Fig. 208. — Un polype du corail.

Polypes. — Chacun d'eux est un globule creux de matière gélatineuse, un petit sac dont l'orifice est bordé de huit lamelles frangées, de huit tentacules s'épanouissant comme les pétales d'une fleur (fig. 208). Tel qu'il est dans la mer, le corail est revêtu d'une écorce molle, criblée d'une foule d'enfoncements cellulaires, dans chacun desquels un polype est logé. Au-dessous de cette écorce vivante se trouve le support pierreux, d'un rouge vif.

Bien que cantonnés chacun dans une cellule spéciale et doués d'une existence propre, les polypes d'un même pied de corail ne sont pas étrangers l'un à l'autre. Ils communiquent tous par l'estomac : ce que l'un digère profite à tous. Avec leurs bras frangés épanouis en rosette, les polypes happent au passage les particules nutritives amenées par les eaux. Le hasard ne les favorise pas tous de la même manière : tel fait une chasse abondante, tel autre ne referme pas une seule fois le filet de ses tentacules. N'importe : la journée finie, la nourriture a été égale pour tous ; les estomacs qui ont digéré ont fourni leur ration aux autres.

Fig. 209. — Un Polype avec ses bourgeons.

Comment s'est organisé cet étrange réfectoire où l'individu qui mange nourrit son voisin qui ne mange pas? Voici : — Tout pied de corail débute par un seul polype, qui, issu d'un œuf et d'abord errant dans les eaux, finit par se fixer à une roche sous-marine pour y fonder une colonie. Ce polype, une fois qu'il a pris domicile, bourgeonne à la manière de la plante, c'est-à-dire qu'il lui pousse sur les flancs d'autres polypes, de même qu'il pousse des rameaux sur une branche. La communication entre la cavité digestive du polype rameau et du polype souche est d'abord indispensable, afin que la nourriture saisie et di-

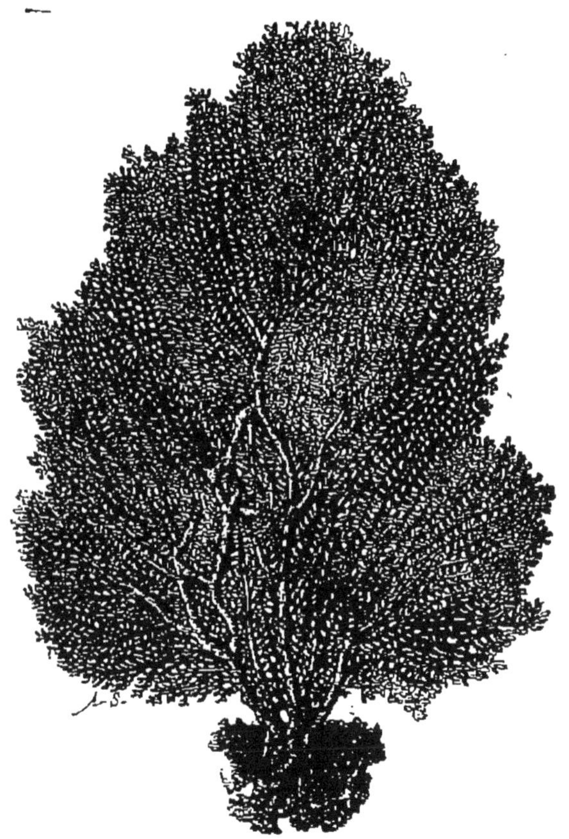

Fig. 210. — Un polypier, l'éventail de Neptune.

gérée par ce dernier profite au jeune, incapable de se suffire encore à lui-même; de plus, elle ne s'interrompt jamais, car les polypes du corail, arrivés à maturité, ne se séparent pas pour aller s'établir ailleurs ; ils continuent à vivre en famille, indissolublement unis entre eux.

Or, le premier polype issu d'un bourgeon est suivi d'un second, d'un troisième, d'un quatrième, etc. Les fils, à leur tour, bourgeonnent des petits-fils ; ceux-ci, des arrière-petits-fils; et ainsi de suite, sans limites arrêtées, si bien que les générations successives s'échelonnent par de nouveaux bourgeonnements, de jour en jour plus nombreux.

Quant au domicile commun, le corail, il résulte de l'exsudation de tous ses habitants, qui transpirent de la pierre comme l'escargot transpire les matériaux de sa coquille. Chaque polype nouveau-né apporte son contingent de matière pierreuse, puisée dans les eaux de la mer, et l'édifice grandit, se ramifiant de plus en plus. C'est ainsi que se forment le corail et une foule de productions marines

Fig. 211. — Formes diverses de Polypiers.

analogues, nommées *polypiers*, c'est-à-dire habitations de polypes. A ce titre le corail lui-même est un polypier.

3. **Polypiers.** — Les polypes sont très nombreux en espèces, et leurs constructions affectent les formes les plus variées. Généralement les polypiers, appelés encore *coraux* ou *madrépores*, sont d'un blanc pur, couleur naturelle de la pierre calcaire dont ils sont composés; plus rarement, ils sont rouges, comme le corail, ou teints d'autres nuances. Rien de plus gracieux que leurs formes. Ici, ce sont des arbustes de pierre aussi élégamment ramifiés que des arbustes véritables; là, des tubes parallèles groupés comme des tuyaux d'orgue, des amas de cellules pareils à

des rayons d'abeilles. Ailleurs, le polypier s'arrondit en tête de chou-fleur, en champignon, dont la surface, hérissée de lamelles régulièrement assemblées, dessine une multitude d'étoiles, un réseau de mailles géométriques, un labyrinthe de plis et de sillons; ailleurs encore, il s'aplatit en grande lame pierreuse, aussi mince qu'une feuille, aussi découpée qu'une dentelle. Sur tous s'épanouissent des milliers de fleurs animales, c'est-à-dire de polypes, qui étalent leurs tentacules en délicates rosettes, et, au moindre danger, les reploient brusquement.

4. **Iles madréporiques.** — Rien ne manque à ces frêles ouvriers pour mener à fin des constructions bien au-dessus de toutes les forces humaines. La durée, le nombre, les matériaux, pour eux n'ont pas de limites. Dans les mers chaudes des tropiques, sur tous les points favorables à leurs colonies, ils entassent étage sur étage, polypier sur polypier, jusqu'à ce que le niveau des flots mette un terme à l'échafaudage de leurs bâtisses. Mais alors, le travail, arrêté dans le sens de la hauteur, se poursuit dans le sens horizontal; le sommet de l'édifice de coraux devient un écueil; l'écueil, un îlot; l'îlot une île; et l'océan compte une terre de plus.

Fig. 212. — Vue d'une île madréporique.

Une *île madréporique* est donc le plateau terminal d'une agglomération de polypiers, dont la base a ses racines sur quelque haut fond de la mer. Ce n'est d'abord qu'une étendue stérile; mais tôt ou tard les courants de la mer, les vents, y apportent des graines, et la végétation finit par ombrager sa surface, éblouissante de blancheur. Quelques insectes, quelques lézards venus avec des bois flottants la peuplent d'ordinaire les premiers; puis les oiseaux de mer y construisent leurs nids, les oiseaux terrestres égarés y viennent chercher refuge. Enfin, quand le sol est devenu fertile, l'homme apparaît et y bâtit sa hutte.

Si nous voulons nous faire une idée de l'étendue des terres édifiées par les polypes, donnons un coup d'œil à la mappemonde et considérons cette nuée d'archipels de petites îles qui, à travers l'océan Pacifique, s'étend de l'Amérique à l'Asie. Beaucoup de ces archipels sont d'origine madréporique; et ceux dont l'origine est différente sont au moins entourés d'une ceinture de coraux. Le seul archipel des Maldives, dans la mer des Indes, comprend douze mille écueils, îlots ou îles de construction madréporique. Un banc de coraux situé sur la côte orientale de l'Australie couvre une superficie de 88 000 kilomètres carrés. La cinquième partie du monde, l'Océanie, est donc, pour une grande part, l'œuvre des polypes. Dût-il à cet immense labeur consacrer cent mille ans, le genre humain entier ne viendrait à bout du travail accompli par l'animalcule glaireux, le polype.

Fig. 213. — Anémone de mer.

5. **Actinies.** — Non loin des polypes se classent les *Actinies*, nommées aussi *Anémones de mer* à cause de leur forme et de leur vive coloration qui les font ressembler à la fleur appelée anémone. Les actinies ne construisent pas de polypier; elles vivent isolées, fixées dans quelque pli des roches sous-marines. Étalées, elles ont au moins l'ampleur d'une rose; leurs tentacules sont très nombreux.

6. **Échinodermes.** — Ce qui frappe surtout dans la structure des polypes et des actinies, c'est la disposition rayonnante des organes, des tentacules autour d'un centre commun, disposition comparable à celle de la fleur, dont les diverses pièces sont distribuées en rond et s'irradient autour du centre. Pareille structure rayonnante se retrouve dans beaucoup d'autres animaux marins, tels que les *Oursins*, les *Étoiles de mer*, les *Méduses*; et l'ensemble de

tous ces animaux, y compris les polypes, forme la grande division des *rayonnés*. Dans cette division se classent les *Coralliaires*, dont nous venons de parler sous le nom de polypes; les *Échinodermes* et les *Acalèphes*.

Les échinodermes, dont le nom signifie enveloppe épi-

Fig. 214. — Étoile de mer.

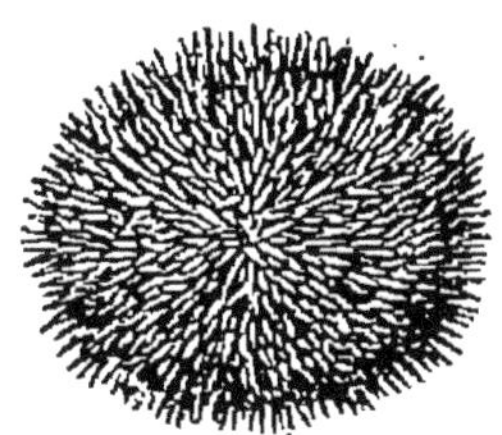

Fig. 215. — Oursin.

neuse, semblable à la peau du hérisson, ont pour principaux représentants les *Oursins*, de forme en général globuleuse, et hérissés de nombreux piquants qui leur ont valu la dénomination vulgaire de *Châtaignes de mer*, par allusion à l'enveloppe épineuse de ce fruit. A l'extérieur, ils ont un test pierreux, composé d'une multitude de pièces disposées avec une élégante symétrie. Ce test est recouvert de séries régulières de tubercules sur lesquels sont articulés des piquants mobiles sur leur base. Une espèce, l'*Oursin commun*, fournit un comestible estimé, consistant en cinq grappes d'œufs, qui s'étendent d'une extrémité à l'autre à l'intérieur du test et sont d'une vive couleur orangée.

Fig. 216. — Méduse.

Les *Astéries* ou *Etoiles de mer* ont également une charpente composée d'une multitude de pièces pierreuses et munie de petites épines mobiles. Leur corps se partage en cinq branches rayonnantes.

7. **Acalèphes.** — Par le mot d'*Acalèphes*, signifiant ortie, on désigne des animaux rayonnés, de consistance gélatineuse, qui flottent librement au sein des mers,

et dont le contact produit une cuisante démangeaison comparable à celle que cause l'ortie. Les plus remarquables sont les *Méduses*, d'une rare élégance. La forme la plus commune est celle d'un dôme très convexe ou surbaissé, tantôt aussi limpide que le cristal le plus pur, tantôt opalescent comme de l'eau troublée par quelques gouttes de lait. La teinte est parfois uniforme, parfois aussi de fins rubans orangés, carminés, azurés, rayonnent du sommet de la coupole et viennent se fondre avec le liséré du bord, dont la nuance vive s'affaiblit par dégradations insensibles. Du pourtour de la demi-sphère descendent, suivant l'espèce, de longs filaments, des franges écumeuses; puis, tout au centre de la base du dôme, pendent de grosses torsades semblables à du cristal et environnant la bouche.

Les méduses errent librement dans les mers. Suspendues entre deux eaux, elles se gonflent un peu et se dégonflent, palpitent en quelque sorte à la manière de la poitrine humaine, ce qui leur a valu la dénomination vulgaire de *Poumons marins*, et par ce mouvement de palpitation, progressent avec lenteur, montent ou descendent.

CHAPITRE XX

ANIMAUX COUVERTS DE POILS, AYANT DES MAMELLES

MAMMIFÈRES.

1. **Caractères généraux.** — Les mamelles, organes producteurs du lait, première nourriture des jeunes, sont spéciales à cette classe, comme l'indique le nom de *Mammifères* signifiant *porte-mamelles*. Le corps est, sauf de rares exceptions, vêtu de poils. Les mammifères sont vivipares, c'est-à-dire mettent au monde leurs petits vivants,

tandis que, à très peu d'exceptions près, tous les autres animaux sont ovipares, c'est-à-dire produisent des œufs, d'où doivent éclore plus tard les jeunes.

2. **Singes.** — L'opposition du pouce aux autres doigts dans les quatre membres, d'où résultent quatre organes propres à saisir ou quatre mains, caractérise la plupart des singes. Les espèces les plus remarquables sont l'*Orang-outang*, le *Chimpanzé* et le *Gorille*, dont nous nous sommes déjà suffisamment occupés.

3. **Chauves-Souris.** — Ces mammifères ont les membres antérieurs conformés pour le vol. Nous avons déjà vu comment quatre des cinq doigts s'allongent beaucoup, et forment quatre rayons entre lesquels est tendue la membrane de l'aile. Cette membrane est un repli de la peau ; elle s'étale entre les quatre longs doigts de la main et va rejoindre les

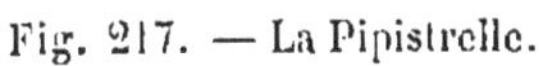

Fig. 217. — La Pipistrelle.

Fig. 218. — La Belette.

pattes postérieures, dont les cinq doigts, tous armés d'ongles recourbés en crochet, ne s'écartent pas de la conformation ordinaire.

Les chauves-souris de nos pays vivent toutes d'insectes, dont elles détruisent des quantités énormes, au grand avantage de l'agriculture. La plus commune et la plus petite est la *Pipistrelle*, que nous voyons voleter le soir autour de nos habitations. Rappelons ici deux chauves-souris dont nous avons déjà parlé : le *Fer-à-cheval*, si curieux par l'ampleur et l'étrange conformation de son nez ; l'*Oreillard*, qui doit son nom à l'énorme développement de ses oreilles.

4. **Insectivores.** — Ce sont des animaux de faible taille, vivant surtout d'insectes. Comme les chauves-souris, adonnées à la même nourriture, ils s'engourdissent en hiver alors

que les insectes manquent. Les insectivores de nos pays sont la *Musaraigne*, le *Hérisson* et la *Taupe*. Le peu que nous avons appris sur leur compte nous a montré que ce sont des animaux utiles, comme ennemis des destructeurs des biens de la terre.

5. **Carnassiers.** — Vivant de proie, les animaux de cet ordre ont les grosses dents façonnées en lames tranchantes, propres à découper les chairs. Les pattes sont fréquemment armées d'ongles crochus, de griffes, qui retiennent et déchirent la proie. Les uns marchent sur l'extrémité des doigts. Dans cette catégorie se rangent le *Chien*, le *Loup*, le *Chacal*, le *Renard*, tous si voisins du chien par l'organisation ; puis le *Chat*, à mâchoires courtes, puissamment armées, à griffes rétractiles au fond de gaines où elles conservent, pour l'attaque, leur tranchant et leur pointe acérée. Dans le genre *Chat* prennent rang le *Lion*, le *Tigre*, la *Panthère*, le *Jaguar*, dont nous avons dit les redoutables appétits sanguinaires. Nos pays ont la *Belette*, la *Martre*, le *Putois*, la *Loutre*, la *Fouine*, tous à corps allongé, effilé, bas sur pattes, propre à se glisser dans les étroits passages. Mentionnons encore, en Afrique, l'*Hyène* qui déterre les cadavres pour s'en nourrir.

Fig. 219. — Hyène.

D'autres carnivores marchent en appuyant à terre toute l'extrémité des membres, la plante des pieds. Ils ont des goûts moins carnassiers que les précédents et préfèrent à la chair les fruits. Dans cette série est l'*Ours*, comprenant plusieurs espèces, en particulier l'*Ours brun* d'Europe, l'*Ours noir* de l'Amérique du Nord, et l'*Ours blanc* de la mer Glaciale. Ce dernier se nourrit principalement de poissons. Nos régions ont le *Blaireau*, de la taille du chien basset et comme lui à jambes courtes. Ses poils, élastiques et souples, servent à faire des pinceaux.

6. **Rongeurs.** — Cet ordre se fait remarquer par les deux fortes dents antérieures de chaque mâchoire, dents qui s'enfoncent profondément dans l'os, se recourbent en dehors et se terminent par une lame tranchante. Vient après, de chaque côté, une *barre*, c'est-à-dire un large intervalle vide. Les dents du fond ou *molaires* sont peu nombreuses, mais fortes et largement aplaties. Les antérieures ou *incisives* s'allongent continuellement par la base, tandis que le haut se détruit peu à peu et se maintient tranchant au moyen de la friction contre la dent opposée. Cet appareil dentaire est éminemment propre à ronger les matières végétales dures, telles que le bois et l'écorce; d'où le nom de *rongeurs* que possèdent les animaux doués de pareilles incisives. A cet ordre appartiennent le *Castor*, le *Lièvre*, le *Lapin*, l'*Écureuil*, le *Rat*, la *Souris*.

Fig. 220. — Râtelier de Lapin.

7. **Ruminants.** — Les animaux composant cet ordre *ruminent*, c'est-à-dire ramènent les aliments dans la bouche après une première déglutition, pour les mâcher une seconde fois. Cette singulière faculté est la conséquence de la multiplicité de leurs cavités stomacales ou poches digestives, au nombre de quatre. Tandis que les autres mammifères possèdent un seul estomac, les ruminants en ont quatre. La première et la plus vaste de ces poches digestives se nomme *panse* ou *herbier*. L'animal y accumule le fourrage, précipitamment brouté et mâché d'une manière très incomplète; puis, quand ce réservoir est suffisamment rempli, il se retire dans un endroit paisible, se couche dans une position commode, et reprend à l'aise, des heures entières, le travail de la trituration.

Ce second acte de la préparation de la nourriture sous

les dents se nomme *rumination*. On voit alors l'animal patiemment mâcher sans rien prendre au dehors. Puis le mouvement de la mâchoire s'arrête, la bouchée est avalée, et aussitôt après quelque chose de saillant, de rond, s'aperçoit remonter sous la peau du cou. C'est une nouvelle boule alimentaire qui remonte à la bouche pour être triturée. Après la seconde trituration, les aliments passent dans les estomacs suivants, où la digestion s'achève.

Les ruminants ont des pieds terminés par deux doigts, qu'enveloppent isolément des *sabots*, assemblés de manière à figurer un doigt unique fendu par le milieu. Ces

Fig. 221. — La Girafe.

Fig. 222. — Le Tapir.

sabots ne sont autre chose que des ongles de très grandes dimensions. Beaucoup d'entre eux ont le front armé de cornes, particularité qu'on ne retrouve plus chez les mammifères, en dehors des ruminants.

C'est dans cet ordre que se trouvent les animaux domestiques dont nous tirons le plus de parti, le *Bœuf*, le *Mouton*, la *Chèvre*, qui nous donnent leur travail, leur chair, leur lait, leur suif, leur cuir, leur toison. A ces serviteurs de l'homme, il faut ajouter le *Buffle* et le *Chameau*, de l'Afrique et de l'Asie ; le *Lama*, de l'Amérique du Sud ; le

Renne des peuplades arctiques, notamment des Lapons. Parmi les espèces non asservies sont la *Girafe*, le *Cerf*, le *Chamois*, les *Gazelles*.

8. **Éléphants.** — Ce sont des animaux dont le nez se prolonge en une trompe, et dont les dents antérieures sont conformées en défenses. Cet ordre se compose du seul genre *Éléphant*, comprenant deux espèces, l'une d'Asie, à petites oreilles et à front concave; l'autre d'Afrique, à grandes oreilles et à front convexe.

9. **Jumentés.** — Quelques-uns n'ont qu'un seul doigt à chaque pied, et ce doigt unique est enveloppé d'un sabot, non fendu comme celui des ruminants. Pour ce motif, on les nomme *solipèdes*. Dans cette catégorie se rangent le *Cheval*, l'*Ane*, le *Zèbre*.

D'autres ont trois doigts terminés par de petits sabots, une peau épaisse avec des poils courts et rares, parfois une ou deux cornes sur le nez. Ce sont les *Rhinocéros*, dont le nom signifie *nez cornu*.

D'autres encore ont trois ou quatre doigts avec petits sabots, la peau molle et pourvue de poils, le museau prolongé en courte trompe. Ce sont les *Tapirs*, de l'Amérique du sud et des Indes

10. **Phoques.** — Organisés pour la vie aquatique, les Phoques ont les pieds très courts, ceux de derrière enveloppés par la peau, tous élargis en rames, éminemment aptes à la natation, mais propres au plus à ramper quand l'animal vient se reposer sur le rivage. Le corps est allongé et arrondi comme celui des poissons. Les Phoques vivent par troupes au bord de la mer partout où ils ne sont pas troublés par la présence de l'homme. Leur tête rappelle celle du chien, dont ils ont en outre l'intelligence, le caractère doux, le regard expressif. Leur nourriture consiste en poissons, crabes et coquillages. On leur fait la chasse pour la graisse et la peau, deux des principales ressources des populations arctiques, notamment des Esquimaux.

11. **Cétacés.** — La baleine, dont le nom latin est *ceta* a donné son nom à cet ordre. Ces animaux vivent tous dans

la mer et sont conformés pour la vie aquatique. Ils n'ont pas de membres postérieurs. Leur corps se termine par une queue puissante, étalée à l'extrémité en une nageoire horizontale. Les membres antérieurs sont aplatis en rames. Enfin la tête est tout d'une venue avec le corps, comme chez les poissons, dont les cétacés reproduisent presque exactement la forme.

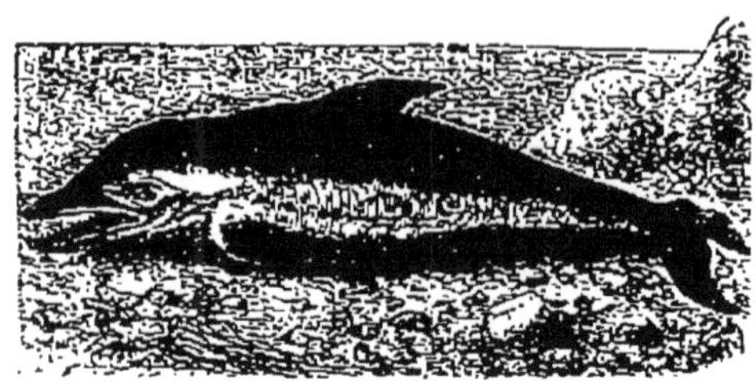

Fig. 223. — Le Dauphin.

Dans cet ordre sont rangés les géants du règne animal : la *Baleine*, qui atteint 30 mètres en longueur et 150 000 kilogrammes; le *Cachalot*, qui rivalise de grosseur avec la baleine et même la dépasse. Bien au-dessous pour la taille sont les *Dauphins*, *les Morses*.

12. **Marsupiaux.** — Nous avons déjà parlé assez longuement de ces étranges mammifères, qui naissent dans un état d'imperfection extrême et achèvent de se développer dans une bourse ou poche formée sous le ventre de la mère par un repli de la peau. Bourse en latin se dit *marsupium*. De là le nom de *Marsupiaux* pour désigner ces animaux à bourse. Rappelons qu'à cet ordre appartiennent les *Sarigues* de l'Amérique et les *Kanguroos* de l'Australie.

Fig. 224. — L'Ornithorynque.

13. **Monotrèmes.** — Au milieu de sa population animale, si différente de celle des autres régions, l'Australie nourrit deux mammifères plus étranges encore que les marsupiaux, et présentant avec les oiseaux certaines conformités organiques qui établissent le passage d'une classe à l'autre. Ce sont l'*Échidné* et l'*Ornithorhynque.*

L'échidné ressemble à un hérisson muni d'un museau pointu, en forme de bec et sans dents. L'ornithorhynque, dont le nom signifie bec d'oiseau, a un bec corné, aplati, rappelant celui du canard. Ses pieds sont palmés, principalement les antérieurs; son aspect est celui d'une grosse taupe. L'un et l'autre portent aux jambes postérieures un éperon de corne ou *ergot*, qui ressemble à celui du coq.

CHAPITRE XXI

ANIMAUX COUVERTS DE PLUMES. FABRICATION DES NIDS

OISEAUX

1. **Oiseaux de proie.** — Le corps couvert de plumes et les membres antérieurs disposés en ailes, sont les caractères distinctifs des oiseaux. Les caractères tirés principalement du bec et des pattes, organes dont la structure est en rapport intime avec la manière de vivre, servent de base à la classification des oiseaux, qui se divisent ainsi : Les Oiseaux de proie, les Passereaux, les Grimpeurs, les Gallinacés, les Pigeons, les Échassiers, les Palmipèdes, les Oiseaux coureurs impropres au vol.

Les oiseaux de proie ont la mandibule supérieure crochue, à pointe aiguë et recourbée en bas; leurs pattes, nommées *serres*, ont les doigts armés d'ongles robustes, recourbés, longs et creusés en dessous d'une rigole à bords tranchants. Tous vivent de proie, vivante ou morte. On les subdivise en *Oiseaux de proie diurnes*, chassant de jour, et en *Oiseaux de proie nocturnes*, chassant de nuit ou mieux au crépuscule.

Parmi les diurnes sont les *Aigles*, les *Faucons*, le *Milan*, les *Vautours*. Dans la subdivision des nocturnes se classent les *Hiboux* et les *Chouettes*. Il est inutile de répéter ici les détails que nous avons déjà donnés sur les *Oiseaux de proie*, tant ceux de jour que ceux de nuit.

2. **Passereaux.** — Cet ordre est le plus nombreux de toute la classe. Les oiseaux qui le composent sont généralement de petite taille. Leurs doigts, dont trois dirigés en avant et un en arrière, ont les ongles faibles et peu recourbés; leur bec est très variable de forme, suivant le régime de l'oiseau.

Les passereaux de nos pays les plus grands sont le *Cor-*

Fig. 225. — La Huppe.

Fig. 226. — Le Moineau.

beau, les *Corneilles*, la *Pie*, le *Geai*; viennent après les *Grives* et les *Merles*. Parmi les petits citons les *Fauvettes*, le *Rossignol*, qui ont le bec menu et se nourrissent d'insectes; le *Moineau*, le *Chardonneret*, le *Pinson*, la *Linotte*, qui ont le bec robuste et se nourrissent de graines. N'oublions pas l'*Hirondelle* et le *Martinet*, à bec court, largement fendu, qui chassent les insectes au vol. Ajoutons la *Huppe*, si remarquable par sa belle aigrette de plumes.

3. **Grimpeurs.** — Ils ont les doigts répartis par couples, deux en avant et deux en arrière, disposition qu'ils utilisent pour se cramponner aux arbres et y grimper. Dans cet ordre sont les *Pics*, qui explorent les troncs d'arbres vermoulus pour en extraire les larves et les insectes. La zone torride a les *Perroquets*, à bec robuste et recourbé,

à langue molle qui permet à quelques-uns d'imiter la voix humaine.

4. **Gallinacés.** — Ce sont des oiseaux granivores, dont le type est la poule domestique, en latin *gallina.* Le bec est médiocre, voûté supérieurement; les pattes sont courtes, les doigts faibles; le port est lourd, le vol pénible, l'aile obtuse.

Fig. 227. — Le Biset.

Ce groupe comprend les plus importants de nos oiseaux domestiques, *Coq*, *Dindon*, *Pintade*, auxquels s'adjoignent le *Paon* et le *Faisan.* Les espèces non domestiquées sont représentées par la *Perdrix*, la *Caille.*

5. **Pigeons.** — Ce groupe comprend le *Ramier*, la *Tourterelle*, le *Biset*, souche de nos pigeons domestiques.

6. **Échassiers.** — Ces oiseaux ont les tarses[1] très longs et

Fig. 228. — Le Héron.

Fig. 229. — La Cigogne.

en outre les jambes dénuées de plumes dans leur partie

(1) Le tarse d'un oiseau est la partie de la patte recouverte d'écailles. Il se termine en bas aux doigts, en haut au talon. Au-dessus du talon, vient ce que mal à propos on nomme la cuisse, partie charnue qui, en réalité, correspond à ce que dans l'homme on nomme mollet. La véritable cuisse est située plus haut.

inférieure, disposition qui leur permet de parcourir pas à pas, sans se mouiller, les bas-fonds inondés et les marécages, où ils fouillent la vase de leur long bec porté sur un long cou, pour atteindre les vers, les poissons, les reptiles. Dans cet ordre se rangent les oiseaux de rivage, *Héron*, *Cigogne*, *Grue*, *Bécasse*.

7. **Palmipèdes.** — Les oiseaux de cet ordre sont conformés pour la nage. Ils ont les pieds *palmés*, c'est-à-dire que les doigts sont reliés entre eux par une membrane, de manière que les pattes, en s'étalant, constituent une large rame.

Les uns, oiseaux à vol puissant, fréquentent la mer, où ils vivent de poisson : tels sont l'*Albatros*, les *Goëlands*, les *Mouettes*, la *Frégate*, celui de tous les oiseaux dont le vol est le plus soutenu ; d'autres préfèrent les eaux douces, comme

Fig. 230. — Le Manchot.

Fig. 231. — L'Aptéryx.

le *Cygne*, le *Canard*, la *Sarcelle*, dont le bec très large, aplati, rond au bout et façonné en manière de cuiller, cherche la nourriture en barbotant. Au dernier rang sont les *Pingouins* et les *Manchots*, oiseaux des mers polaires, dont les ailes, réduites à des moignons presque sans plumes, ne peuvent nullement servir au vol.

8. **Oiseaux impropres au vol.** — Enfin viennent des oiseaux de grande taille, incapables de voler comme le Manchot, mais ayant les pieds aptes à une course rapide. Là se range l'*Autruche*, qui habite les déserts sablonneux de toute l'Afrique. Elle atteint deux mètres de haut et pond des œufs du poids d'environ trois livres. Elle ne peut voler, mais sa course est si rapide qu'aucun animal ne

peut l'atteindre. Les plumes des ailes et de la queue sont lâches, molles et recherchées comme objet d'ornement.

Le *Casoar* appartient à l'Australie. Il est encore moins que l'autruche apte au vol, car ses plumes ne sont guère que des crins grossiers. Enfin l'*Aptéryx*, de la Nouvelle-

Fig. 232. — Le Cygne. Fig. 233. — L'Albatros.

Zélande, est un oiseau disgracieux dont les ailes sont réduites à deux moignons sans usage.

9. **Construction des nids.** — C'est dans la construction des nids, destinés à l'éducation de la famille, que l'oiseau nous montre surtout son merveilleux instinct, cette faculté incompréhensible qui fait accomplir à l'animal, sans

Fig. 234. — L'Autruche.

Fig. 235. — Le Casoar.

apprentissage préalable, des actes où semblerait devoir intervenir l'expérience raisonnée. Ces architectes en nid ont les talents les plus variés. Il y a des fouisseurs, qui se pratiquent une conque dans le sable; des mineurs, qui se creusent une cellule où conduit une longue et étroite galerie; des charpentiers, qui forent le tronc d'un arbre vermoulu; des maçons, qui construisent en mortier formé de terre gâchée avec de la salive; des vanniers, qui tressent des bûchettes, de fines racines, des pailles; des tailleurs, qui cousent d'un filament d'écorce, avec le bec pour aiguille, quelques feuilles ensemble pour loger au fond du cornet le matelas de la nichée; des ouvriers en feutre, qui foulent duvet, bourre ou coton pour obtenir certaines étoffes rivalisant avec les nôtres; des constructeurs de forteresses, qui protègent leur nid avec un impénétrable rempart de buissons. Au milieu de cette variété indéfinie, choisissons quelques exemples pour les décrire un peu en détail.

Fig. 236. — Le Pinson.

10. **Nids du Pinson et du Chardonneret.** — Le chardonneret, ce gracieux petit oiseau qui porte le nom de la plante dont il affectionne les semences (le *chardon*), construit un nid des mieux travaillés dans l'enfourchure de quelque branche flexible. L'intérieur se compose de mousse et de lichens feutrés avec la bourre de chardons et d'autres plantes dont les graines sont surmontées d'aigrettes soyeuses, comme les séneçons et les pissenlits; l'intérieur, artistement arrondi, est doublé d'une épaisse couchette de crins, de laine et de plumes. Les œufs, au nombre de cinq ou six, sont blancs et tiquetés de brun rougeâtre, principalement au gros bout.

Le pinson construit son nid à peu près de la même manière; mais, plus soupçonneux que le chardonneret, il tapisse le dehors de sa demeure d'une couche de lichens grisâtres, qui, se confondant avec les autres lichens dont sa branche est naturellement couverte, déroutent le regard du dénicheur.

11. **Nid de l'Hirondelle.** — Nous avons en France plusieurs espèces d'hirondelles. La plus répandue est l'*Hirondelle de fenêtre*, noire en dessus avec des reflets bleus, blanche en dessous et au croupion. Elle construit son nid aux angles des fenêtres, sous les rebords des toits, sous les corniches des édifices. Les matériaux sont la terre fine, principalement celle que les vers rejettent en petits monceaux, dans les prairies et les jardins, après l'avoir digérée. L'hirondelle l'apporte becquée par becquée, l'imbibe d'un peu de salive visqueuse pour lui donner la force de cohésion, et la dispose par assises en une demi-boule accolée au mur et percée dans le haut d'une étroite ouverture. Des brins de paille enchâssés dans la bâtisse donnent plus de résistance à la maçonnerie de terre ; enfin l'intérieur est matelassé d'une grande quantité de fines plumes.

Les hirondelles aiment à vivre en société ; leurs nids se touchent parfois, au nombre de quelques cents, sous la même corniche. Chaque couple reconnaît sans hésitation ce qui lui appartient et respecte scrupuleusement la propriété d'autrui pour que l'on respecte la sienne. Il y a entre elles un vif sentiment de solidarité réciproque, elles se portent assistance avec autant d'intelligence qne de zèle. Il arrive parfois qu'un nid à peine achevé s'écroule, soit par défaut de cohésion du mortier employé, soit parce que les maçons trop pressés n'ont pas eu la patience de laisser sécher une assise avant d'en plaçer une autre soit pour tout autre motif. A la nouvelle du sinistre, voisins et voisines accourent consoler les affligés et leur prêter assistance pour rebâtir. Tous se mettent à l'œuvre, apportant mortier de premier choix, pailles et plumes, avec un tel entrain qu'en deux fois vingt-quatre heures le nid est refait. Livré à ses seules forces, le couple éprouvé aurait mis la quinzaine pour réparer le désastre.

12. **Nid du Loriot.** — A peu près de la taille du merle, le *Loriot*, en entier d'un jaune superbe, moins les ailes, qui sont noires, est un des plus beaux oiseaux de nos climats. Pour établir son nid, il choisit, sur un arbre élevé,

une longue et flexible branche dont l'extrémité se termine en fourche horizontale. Entre les deux ramifications de cette fourche est tissé un hamac qui doit recevoir le nid. Des lanières de fine écorce, rouies par un long séjour à l'air et à la pluie, et converties de la sorte en une filasse, sont les matériaux pour cette œuvre d'art. Les fils, les cordons, vont d'une ramification à l'autre, les enlassent, se croisent, se recroisent, et forment ainsi une poche solidement fixée et suspendue. De larges feuilles de gramen désséchées en consolident les parois. Dans ce hamac suspenseur est construit ensuite le matelas, en forme de coupe ovalaire et composé de délicates pailles choisies parmi les plus fines graminées. L'ouvrage terminé a quelque ressemblance avec ces élégantes petites corbeilles d'osier, rembourrées de laine, que nous donnons, pour nicher, aux serins en cage.

13. **Nid de la Mésange à longue queue.** — Ainsi nommée à cause du développement excessif de la queue, qui fait plus de la moitié de la longueur totale du corps, la *Mésange à longue queue* habite les bois pendant la belle saison, et ne vient que l'hiver dans nos jardins et nos vergers. C'est un petit oiseau rougeâtre sur le dos et blanc en dessous; le ventre est teinté de roux, la nuque et les joues sont blanches.

Le nid est tantôt placé dans l'enfourchure des hautes branches d'un arbuste, tantôt dans l'épais fourré d'un buisson à quelques pieds de terre, mais il est le plus souvent accolé au tronc d'un saule ou d'un peuplier. Sa forme est celle d'un ovale allongé, ou mieux d'un énorme cocon élargi par la base. Il a son entrée sur le côté, à un pouce environ du sommet de la voûte. La coque extérieure se compose de lichens conformes à ceux qui viennent sur l'arbre servant de support, afin de se confondre avec l'écorce et de tromper les regards des passants. Des filamens de laine en retiennent toutes les parties enchevêtrées entre elles. Le dôme, pour mieux résister à la pluie, est un feutre épais de mousse et de fils d'araignée. L'intérieur ressemble à la cavité d'un four dont le sol serait excavé en coupe et la voûte très élevée. Un lit très épais de plumes soyeuses forme l'ameublement du nid. Là reposent seize à vingt oisillons, rangés avec ordre dans l'étroite conque, de la grandeur au plus de la main. Par quel miracle de parcimonieux emménagement ces vingt petites créatures avec leur mère trouvent-elles place en ce logis? comment d'aussi longues queues peuvent-elles s'y développer? On chercherait vainement plus belle application de l'économie de l'espace.

14. **Nid de la Mésange penduline.** — Le nid de la *Mésange penduline* est encore plus remarquable. Cette mésange n'habite guère que les bords du cours inférieur

Fig. 237. — La Mésange à longue queue et son nid.

du Rhône. Elle suspend très haut son nid à l'extrémité de quelque rameau flexible d'un arbre de la rive, de manière que sa famille est mollement bercée par la brise des eaux. C'est une sorte de bourse ovale de la grosseur à peu près d'une bouteille, percée, vers le haut et sur le flanc, d'un étroit orifice qui se prolonge en un court goulot d'entrée où l'on peut au plus engager le doigt. Pour franchir ce passage, la mésange, toute petite qu'elle est, doit forcer la paroi élastique, qui cède un peu, puis se rétrécit. Cette bourse est fabriquée avec la bourre cotonneuse qui s'échappe, en mai, des fruits mûrs des peupliers et des saules.

La mésange assemble et consolide les flocons cotonneux par une trame de laine et de chanvre.

Le tissu obtenu ressemble au feutre de quelque chapeau grossier. Vainement on chercherait à se rendre compte de quelle manière s'y prend l'oiseau pour manufacturer avec le bec et les pattes une étoffe que n'obtiendrait pas l'industrieuse main de l'homme livré à ses propres ressources; et cela sans apprentissage aucun, sans hésitation, sans jamais l'avoir vu faire à d'autres. En son premier coup d'essai, la mésange dépasse l'art de nos ouvriers tisserands et fouleurs.

Le haut du nid comprend dans son épaisseur l'extrémité du rameau et ses dernières divisions qui servent de charpente à la voûte; mais le feuillage sort des flancs de la bourse et les protège de son ombre. Enfin, pour plus de solidité dans l'attache, un cordage de laine et de chanvre entortille ses brins supérieurs autour du rameau, tandis que ses brins inférieurs se distribuent dans la trame du feutre. L'intérieur de la demeure est rembourré de coton de peuplier. Trois semaines du travail le plus assidu sont nécessaires à un couple de pendulines pour construire cette merveille.

15. **Nid du Troglodyte.** — La *Pétouse* de la Provence, le *roi Bertaud* ou *Robertot* des provinces de l'ouest, enfin le *Troglodyte* des naturalistes, est aussi, lui le nain de nos oiseaux, un maître consommé dans l'art de bâtir les nids. Si l'on nous demandait ce que signifie le nom assez étrange de troglodyte, nous répondrions que c'est un mot grec signifiant qui plonge dans les trous. On a cru bien faire de dénommer ainsi le petit oiseau qui furette dans les trous à la manière des souris. Disons que le troglodyte est une bouffée de plumes couleur de bécasse, qui, l'aile pendante, le bec au vent, la queue relevée sur le croupion, toujours frétille, sautille et babille *tiderit, tirit, tirit.* Il rôde chaque hiver autour des habitations; il circule dans les tas de fagots, il visite les trous des murs, il pénètre au plus épais des buissons. De loin on le prendrait pour un petit rat.

Dans la belle saison, il habite les bois touffus. Là, sous l'arcade de quelque grosse racine à fleur de terre, et couverte d'une épaisse toison de mousse, il construit un nid imité de celui de la penduline. Les matériaux sont des brins de mousse, pour que l'édifice se confonde d'aspect avec le support. Il les assemble et les feutre en une grosse boule, percée sur le côté d'une ouverture très étroite. L'intérieur est garni de plumes.

16. **Nid de la Pie.** — Au sommet d'un arbre élevé, observatoire d'où se voit venir de loin l'ennemi, et au centre d'un bouquet de ramifications servant d'appui à l'édifice, la *Pie* établit sa demeure, composée d'un entrelacement de bûchettes flexibles avec plancher de terre gâchée. Des radicelles, des gramens, quelques touffes de bourre, forment le matelas. Jusque-là rien qui s'éloigne de l'architecture habituelle des nids, mais voici où la pie déploie un talent spécial. Tout le nid, dans le haut surtout, est enveloppé d'un épais rempart, d'une enceinte fortifiée composée de rameaux épineux solidement enchevêtrés. On dirait un informe fagot de broussailles. A travers ce rempart une ouverture est laissée, du côté le mieux défendu et juste suffisante pour laisser entrer et sortir la mère. C'est l'unique porte du château fort aérien.

Fig. 238. — Le Troglodyte.

17. **Nid de la Rousserolle.** — Voici maintenant un constructeur sur pilotis ; c'est une fauvette de grande taille, dite *Rousserolle* ou *Grive de rivière*. A la surface d'un étang, elle choisit un groupe de quatre ou cinq roseaux, dont les souches sont enracinées sous les eaux, dans la vase, et dont les tiges s'élèvent parallèlement l'une à l'autre à une faible distance. Entre ces piliers, que l'oiseau rapproche au point convenable et assujettit avec des liens, est construit un entrelacement de matériaux flexibles, joncs, lanières d'écorce, feuilles de graminées. C'est un

vrai travail de vannier, ayant pour charpente les tiges de roseau. Enfin dans ce panier, beaucoup plus long que large, est placé le nid, chaude couchette de fines radicelles, de duvet cotonneux, de fils d'araignée, de laine.

Cette demeure sur pilotis, au-dessus des eaux, présente deux dangers : le balancement des roseaux, qui, courbés par le vent, pourraient incliner le nid jusqu'au point d'en faire choir soit les œufs, soit les jeunes; enfin les grandes crues, qui pourraient atteindre le nid et le noyer. La rousserolle a merveilleusement prévu ces deux dangers. Le nid est très profond, et d'autre part les bords de l'ouverture se recourbent en dedans pour former parapet. Ainsi est écarté le péril de la chute lorsque le vent incline les roseaux, support du nid. Enfin, maîtresse de fixer son habitation à telle ou telle autre hauteur sur les quatre ou cinq tiges servant de piliers, la rousserolle s'installe toujours à une élévation que les eaux ne peuvent atteindre, même pendant les grandes crues. On soupçonne que l'oiseau est capable de prévoir, des mois à l'avance, les fortes inondations, car il bâtit son nid à une hauteur plus ou moins grande suivant le niveau que doivent plus tard atteindre les eaux de l'étang.

18. **Nid de la Cisticole.** — C'est une petite fauvette très commune dans les plaines marécageuses de la Camargue, à l'embouchure du Rhône. Son nid est établi au milieu d'une touffe d'herbe et de joncs, et a la forme d'une bourse, avec une étroite ouverture circulaire vers le tiers supérieur. De fines feuilles sèches composent la couchette où reposent les œufs. D'autres feuilles, plus larges, sont assemblées tout autour pour former appartement clos. Pour le travail de cette enceinte, l'oiseau se fait tailleur, il coud les feuilles enveloppantes les unes aux autres. Sur les bords de chaque feuille, de la pointe du bec il pratique des trous, dans lesquels il passe un ou plusieurs fils, formés de toile d'araignée, de duvet de certaines plantes et autres matériaux. Sa quenouille de filateur, le bec, ne lui permet par des fils bien longs; aussi chaque aiguillée ne va-t-elle que deux ou trois fois au plus d'une feuille à la feuille voi-

sine ; n'importe, la couture est assez solide pour assembler le tout en une bourse à parois compactes que la pluie ne peut traverser.

19. **Nid de l'Orthotome.** — L'*Orthotome*, petit oiseau de l'Inde et de Ceylan, est un tailleur plus habile que notre *Cisticole.* Deux larges feuilles sont choisies, vivantes et fixées à leurs branches. L'oiseau les rapproche l'une de l'autre, les applique dans le sens de la longueur et les coud bord à bord au moyen d'un solide fil de coton qu'il a fabriqué du bec. La couture ne porte que sur la moitié de la longueur des pièces, de manière que les deux feuilles étant pendantes, forment un sac conique, dont l'embouchure est en haut, entre les deux pétioles. C'est dans ce sac que le nid est construit, se confondant par son enveloppe avec le reste du feuillage de l'arbre, si bien qu'on a de la peine à le retrouver quand on l'a trouvé une première fois.

20. **Nid du Républicain social.** — Dans l'Afrique australe vit un oiseau guère plus gros que nos alouettes et nommé *Républicain social*, parce qu'il vit en nombreuses sociétés ayant un nid commun. Ce nid, sorte de village d'oiseaux, a la forme d'un énorme champignon, et s'étale, les branches intérieures lui donnant appui, tout autour du tronc d'un arbre qui lui sert de pied. Ce colossal édifice forme à lui seul la charge d'un chariot, et se découpe à coups de hache quand on veut en voir la structure intérieure. Il est uniquement composé d'herbages secs, disposés à peu près comme le sont les chaumes de nos toits rustiques. Et en effet, cet édifice, construit à frais communs par tous les associés, n'est qu'une toiture, un dôme destiné à défendre les véritables nids. Ceux-ci sont placés à la face inférieure du toit de chaume. On voit à cette face une multitude de trous ronds donnant à l'ensemble quelque chose de l'aspect d'un gâteau d'abeilles. Chacun donne accès dans une cellule, qui est le véritable nid et le travail isolé d'un seul couple. Le dôme d'herbages est donc construit en commun par toute la société ; puis chaque ménage se bâtit en particulier une loge à la face inférieure du toit. Le nombre des habitants peut atteindre un millier.

CHAPITRE XXII

ANIMAUX FROIDS, SERPENTS, TORTUES, LÉZARDS, GRENOUILLES, POISSONS

1. **Animaux à sang chaud et animaux à sang froid.** — Parmi les vertébrés, les mammifères et les oiseaux sont les seuls dont le corps, à l'état de vie, soit le siège d'une production de chaleur assez vive pour être sensible à notre toucher. Le contact d'un chien, d'un chat ou de tout autre mammifère quel qu'il soit, nous réchauffe; un oiseau tenu à la main nous communique une douce impression de chaleur. Les autres vertébrés, au contraire, poissons et reptiles, sont froids; on ne ressent pas en eux cette tiède température dont notre propre corps est un foyer continuel. Saisis dans les mains, un lézard, un serpent, une grenouille, un poisson, nous produisent la même impression qu'un corps froid inanimé; il en est de même de tous les autres animaux n'appartenant pas à la série des vertébrés, insectes, crustacés, vers, mollusques. Aucun d'eux n'a de chaleur sensible pour notre toucher. D'où provient cette différence?

Nous apprendrons plus tard qu'une production de chaleur accompagne toujours l'exercice de la vie. Certains animaux, les mammifères et les oiseaux, en produisent assez pour avoir une température qui leur est propre, qui se maintient toujours la même malgré les variations en moins ou en plus de la température extérieure; leur corps est un foyer constant, non soumis, si ce n'est dans d'étroites limites, aux vicissitudes de l'extérieur. Les uns et les autres sont dits *animaux à sang chaud* ou à température fixe. Tout le reste de la série zoologique est composé des *animaux à sang froid* ou à température variable. Ces animaux produisent de la chaleur, il est vrai, mais elle est si faible, si peu active, qu'elle ne peut dominer les vicissitudes de l'extérieur, de sorte que la température du corps s'élève ou s'abaisse avec la température du milieu dans lequel vit l'animal.

Les vertébrés à sang froid comprennent les *Reptiles*, les *Batraciens*, les *Poissons*.

REPTILES

2. **Division en ordres.** — Quelques reptiles, les serpents, sont dépourvus de membres; les autres ont des membres courts, dirigés de côté, loin de l'axe du corps Tous se traînent donc sur le ventre, et ceux qui sont doués de pattes ont encore plutôt l'air de ramper que de marcher. Cette locomotion au niveau de la terre leur a valu le nom de *reptiles*, d'un mot latin *reptare*, signifiant ramper. Ils se divisent en *Tortues*, *Lézards* et *Serpents*.

3. **Tortues.** — Les tortues sont remarquables par leur

Fig. 239. — Tortue franche.

Fig. 240. — Tortue grecque.

boîte osseuse, ouverte seulement d'une large échancrure en avant pour le passage de la tête et des membres antérieurs, et d'une autre échancrure en arrière pour le passage de la queue et des membres postérieurs. Cette boîte résulte d'une partie du squelette refoulée à l'extérieur, immédiatement sous la peau. Sur cette enveloppe osseuse est tendue la peau, recouverte elle-même par de larges plaques d'écaille. Au lieu de dents, les tortues ont aux deux mâchoires une armure de corne, semblable au bec des oiseaux.

La plupart des tortues vivent de matières végétales. Quelques-unes sont terrestres et se reconnaissent à leurs pattes comme tronquées, à leur carapace très bombée et robuste. Telle est la *Tortue grecque*, fréquente sur tout le littoral de la Méditerranée. D'autres, à carapace plus ou moins aplatie, habitent les eaux douces. D'autres enfin ont pour demeure la mer. Elles sont de forme déprimée et leurs pattes sont aplaties en rames. L'une d'elles, la *Tortue franche*, atteint le poids de sept à huit cents livres. On la trouve dans tous les parages de la zone torride. Une

Fig. 241. — Chasse au Crocodile.

autre, le *Caret*, fournit la matière dite *écaille*, si estimée pour les ouvrages de tabletterie.

4. **Lézards.** — Ce groupe se compose des reptiles qui, pour la forme, ressemblent en général à notre vulgaire lézard. Les plus remarquables sont : le *Crocodile*, du Nil, qui peut atteindre une dizaine de mètres en longueur; l'*Alligator*, des fleuves de l'Amérique; le *Gavial*, du Gange, à museau très allongé. Le *Caméléon* est célèbre par la faculté qu'il a de changer de couleur suivant les passions qui l'animent. Il est commun en Algérie. Parmi les sauriens de nos pays sont le gros *Lézard ocellé* du midi de la France; le *Lézard vert* et le *Lézard gris*, communs partout;

enfin le *Gecko* de la Provence, reptile hideux, mais inoffensif, qui hante les endroits sombres et frais des habitations et se cramponne aux murs et aux plafonds au moyen de ses doigts élargis et armés en dessous de fines aspérités.

5. **Serpents.** — Dépourvus de membres et se mouvant au moyen des replis que leur corps très allongé fait sur le sol, ces animaux méritent par excellence le nom de reptiles. Tous se nourrissent de proie vivante. Les uns sont venimeux (*Vipère*, *Crotale*); les autres sont dépourvus de venin. C'est parmi ces derniers que se trouvent les serpents de plus grande taille, les *Boas* des régions chaudes et humides de l'Amérique. Certaines espèces atteignent en longueur une douzaine de mètres et engloutissent des animaux de la taille du chien après les avoir étouffés et pétris dans leurs replis Parmi les serpents non venimeux sont comprises les

Fig. 242. — Le Crocodile.

Fig. 243. — Le Caméléon.

Fig. 244. — Le Lézard vert.

diverses *couleuvres* de nos régions, parmi lesquelles est la *Couleuvre à collier*, portant sur la nuque un collier blanc.

6. **Serpents venimeux**. — Tous les animaux venimeux, vipère, scorpions, bourdon, guêpes et autres, agissent de la même manière. Avec une arme spéciale, aiguillon, croc, dard, lancette, placée tantôt en un point du corps, tantôt en

un autre, ils font une légère blessure dans laquelle s'infiltre le venin. Celui-ci, en se mélangeant avec le sang, est seul la cause des accidents qui suivent.

L'appareil venimeux des serpents se compose d'abord de deux *crochets* ou dents longues et pointues placées à la mâchoire supérieure. Ces crochets sont mobiles. A la volonté de l'animal, ils se dressent pour l'attaque ou se cachent dans une rainure de la gencive et s'y tiennent inoffensifs. Pour les remplacer, s'ils viennent à casser, la mâchoire en porte d'autres en arrière, plus petits, à l'état de germe. Ils sont creux et percés à la pointe d'une fine ouverture, par laquelle le venin se déverse dans la plaie. Enfin à la base de chaque crochet se trouve une ampoule ou réservoir dans lequel le liquide venimeux s'amasse.

Fig. 245. — Vipère.

Fig. 246. — Couleuvre.

Quand le serpent frappe de ses crochets, l'ampoule à venin injecte une goutte de son contenu dans le canal de la dent, et le liquide venimeux s'infiltre ainsi dans la blessure.

Le seul serpent venimeux de nos pays est la *Vipère*, brune ou roussâtre, avec une bande sombre en zigzag sur le dos, et une rangée de taches sur chaque flanc. Son ventre est d'un gris ardoisé. Sa tête est un peu triangulaire, plus large que le cou et comme tronquée en avant.

Puisque le venin n'agit qu'en se mélangeant avec le sang, à la suite d'une morsure par un serpent venimeux, les précautions à prendre doivent avoir pour but d'empêcher ce mélange autant que possible. A cet effet, on serre, on lie même, le doigt, la main, le bras, au-dessus de la partie blessée; on fait saigner la plaie en exerçant des pressions tout autour; on la suce énergiquement pour en extraire la liquide venimeux; on l'élargit un peu avec la pointe d'un canif pour rendre cette extraction plus facile. La succion est sans danger aucun si la bouche n'a pas d'écorchure, car le venin, si terrible mélangé avec le sang, n'a pas d'action introduit dans l'estomac. Tout cela doit être fait à l'instant même; plus on tarde, plus le mal s'aggrave. Pour plus de sûreté, lorsque c'est possible, on cautérise la plaie avec un corrosif, eau-forte, nitrate d'argent, acide phénique ou même avec une aiguille chauffée au rouge. Si ces précautions sont prises assez

Fig. 247. — Appareil venimeux d'un serpent.

Fig. 248. — Sonnettes du Crotale.

tôt, il est rare que la piqûre d'une vipère ait des conséquences fâcheuses.

Parmi les serpents venimeux les plus redoutables, nous citerons le *Crotale* de l'Amérique du Nord, nommé aussi *Serpent à sonnettes*, à cause des cornets écailleux qui, emboités lâchement les uns dans les autres, au bout de la queue, bruissent quand l'animal s'agite. Son venin détermine la mort de l'homme en quelques minutes, et fait périr avec la même rapidité les bœufs et les chevaux. L'Afrique du Nord a le *Céraste*, qui porte une petite corne sur chaque paupière. En Égypte se trouve l'*Haje*, dont le cou se gonfle dans la colère. C'est l'*aspic* des anciens, celui dont parle l'histoire au sujet de la mort de Cléopâtre. A l'Inde appartient le *Naya*, qui gonfle le cou comme l'aspic, et porte sur sa nuque élargie un trait noir dont la configuration lui a fait donner le nom de *Serpent à lunettes*.

BATRACIENS

7. **Caractères généraux.** — Les *Batraciens* ont pour type la grenouille, dont le nom grec, *batracos*, sert à désigner la classe toute entière. Ils diffèrent des reptiles par leur peau nue, non couverte d'écailles, et surtout par les changements de forme ou métamorphoses qu'ils éprouvent dans leur premier âge. Sous leur état initial, les batraciens se nomment *têtards*, par allusion à leur grosse tête confondue avec un ventre volumineux. Nous ne reviendrons pas sur ce que nous avons déjà dit au sujet des métamorphoses de la grenouille et des batraciens en général.

Fig. 249. — Salamandre.

Quelques-uns de ces animaux sont, à l'état adulte, dépourvus de queue. Nous citerons les *Grenouilles*, les *Crapauds*, les *Rainettes*, ces dernières remarquables par les pelotes visqueuses de leurs doigts, pelotes qui leur servent à grimper sur les arbres, pour s'établir sur le feuillage dont elles ont la verte coloration.

D'autres conservent toute leur vie la queue du premier âge. De ce nombre est la *Salamandre* de nos pays, noire, à grandes taches jaunes. Un préjugé populaire en fait un animal incombustible ; en réalité, elle périt dans le feu comme y périrait tout autre animal.

POISSONS

8. **Caractères généraux.** — La classe des poissons est exclusivement conformée pour la vie aquatique. Le corps est couvert d'écailles. Les membres sont représentés par les nageoires paires, savoir : les membres antérieurs par les nageoires *pectorales*, et les membres postérieurs par les nageoires *ventrales*[1].

1. Voir ce qui a été déjà dit au sujet des nageoires des poissons, page 42.

La respiration est toujours aquatique. De chaque côté du cou est une profonde dépression, que protège un couvercle osseux, appelé *opercule*, libre sur son contour postérieur. Le bord libre se soulève ou s'affaisse au gré de l'animal, ouvrant et fermant tour à tour une ample fente demi-circulaire, improprement nommée *ouïe*, car l'organe de l'audition n'a rien de commun avec elle. Sous l'opercule sont les organes respiratoires, les *branchies*, habituellement au nombre de quatre de chaque côté. Ellès ont pour soutien des arcs osseux et se composent chacune d'une double rangée de lamelles très fines, disposées à côté les unes des autres, comme le sont les dents d'un

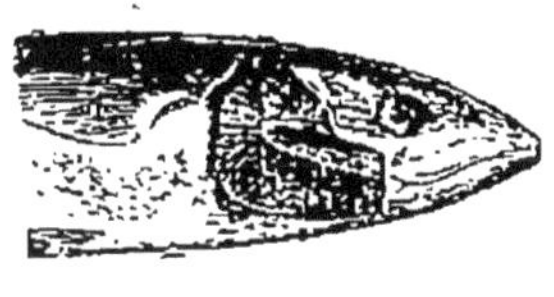

Fig. 250. — Tête de poisson avec opercule enlevé pour montrer les branchies.

Fig. 251. — Thon.

peigne. L'eau se renouvelle continuellement autour des branchies par les mouvements combinés de la bouche et des opercules. On voit le poisson entrouvrir puis fermer la bouche, sans discontinuer, comme pour avaler des gorgées de liquide; tandis que les opercules en même temps se soulèvent un peu, puis s'abaissent. Mais la déglution n'est qu'apparente : l'eau, au lieu de s'engager dans le gosier, arrive de droite et de gauche sur les branchies dont elle baigne les filaments; puis elle s'écoule par l'orifice des ouïes. Les mouvements respiratoires des poissons consistent ainsi à provoquer un continuel courant d'eau renouvelée, qui entre par la bouche et sort par les ouïes en baignant les branchies sur son passage.

9. **Poissons osseux.** — Parmi les poissons, les uns ont le squelette osseux, c'est-à-dire endurci de matière pierreuse; les autres l'ont presque exclusivement composé de

cartilage. La classification fait usage de ce caractère important pour diviser les poissons en deux séries, les poissons *osseux* et les poissons *cartiginaleux*.

La première série, de beaucoup la plus nombreuse, a la structure générale et l'aspect dont l'idée s'éveille habituellement en nous au mot de poisson. On la divise en deux groupes.

Les poissons du premier groupe se reconnaissent à leur nageoire dorsale soutenue par des rayons osseux et épineux. Là se rangent le *Thon* et le *Maquereau* des eaux de la mer ; la *Perche* et l'*Épinoche* des eaux douces. L'épinoche, le plus petit poisson de nos ruisseaux, est remarquable par son industrie. Entre quelques touffes de jonc, avec des mousses aquatiques, il se construit un nid en forme de manchon ouvert aux deux bouts. Là sont déposés les œufs, assidûment surveillés jusqu'à l'éclosion.

Fig. 252. — L'Épinoche et son nid.

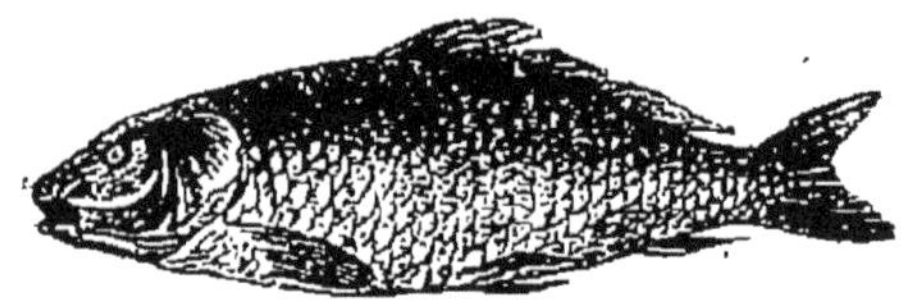

Fig. 253. — La Carpe.

Fig. 254. — Le Brochet.

Fig. 255. — La Truite.

Les poissons de second groupe ont la nageoire dorsale soutenue par des rayons cartilagineux et mous. Les principales espèces sont la *Truite*, la *Carpe*, le *Brochet*, des eaux douces ; la *Morue*, le *Hareng*, la *Sardine*, des eaux de la mer.

10. **Poissons cartilagineux.** — Dans cette série, le squelette est toujours à l'état de cartilage, on n'a que très

Fig. 256. — Le Requin.

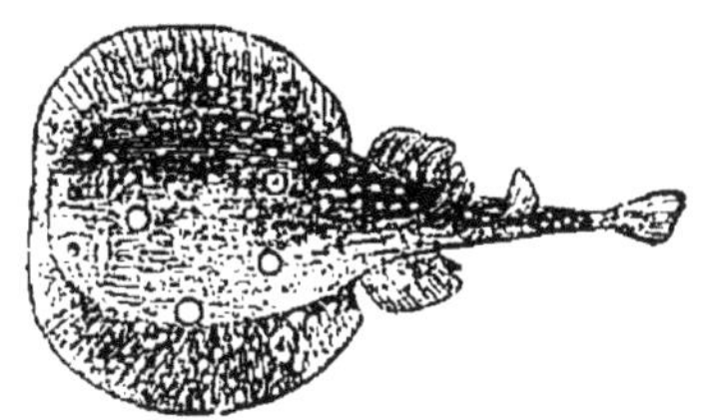
Fig. 257. — La Torpille.

peu de matière pierreuse, disposée par petits grains. Là se rangent, l'*Esturgeon*, grand poisson qui, de la mer, remonte dans les fleuves à certaines époques, et dont la peau est protégée par des plaques osseuses ; le *Requin*, poisson vorace et terreur des mers ; la *Raie*, qui fréquemment ap paraît sur nos tables ; la *Torpille*, célèbre par les commotions électriques qu'elle donne ; la *Lamproie*, dont la bouche est conformée en une ventouse circulaire, uniquement propre à la succion. Par sa forme allongée, sa peau nue, visqueuse et glissante, la lamproie rappelle la vulgaire *Anguille* ; mais elle a sur les côtés du cou une série de trous correspondant aux diverses branchies, séparées entre elles. Au printemps, elle remonte, comme l'esturgeon, de la mer dans les fleuves.

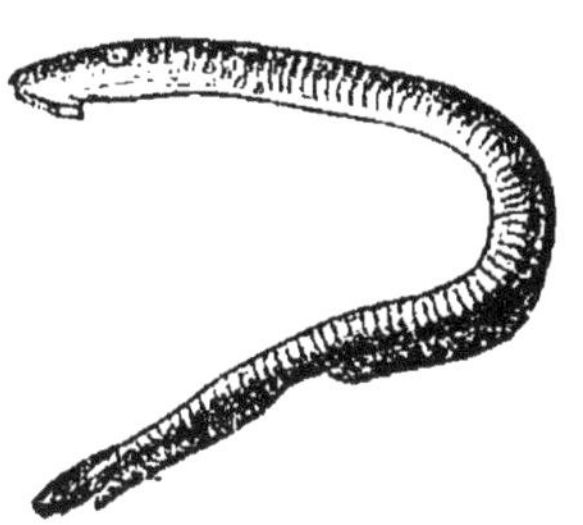
Fig. 258. — La Lamproie.

FIN

TABLE DES MATIÈRES

FIN DE LA TABLE DES MATIÈRES

PARIS. — IMPRIMERIE ÉMILE MARTINET, RUE MIGNON, 2.

PARIS. — IMPRIMERIE ÉMILE MARTINET, RUE MIGNON, 2.

www.ingramcontent.com/pod-product-compliance
Ingram Content Group UK Ltd.
Pitfield, Milton Keynes, MK11 3LW, UK
UKHW020209250726
13967UKWH00003B/1360

9 782012 999886